时空数据模型及其在土地管理中的应用研究

宋 玮 著

黄河水利出版社

图书在版编目(CIP)数据

时空数据模型及其在土地管理中的应用研究/宋玮著.
郑州:黄河水利出版社,2007.11
ISBN 978-7-80734-313-4

Ⅰ.时… Ⅱ.宋… Ⅲ.空间测量-数据模型-应用-土地管理 Ⅳ.F301.2-39

中国版本图书馆 CIP 数据核字(2007)第 177259 号

出 版 社:黄河水利出版社
地址:河南省郑州市金水路 11 号　　邮政编码:450003
发行单位:黄河水利出版社
发行部电话:0371-66026940　　传真:0371-66022620
E-mail:hhslcbs@126.com
承印单位:黄河水利委员会印刷厂
开本:850 mm×1 168 mm　1/32
印张:6
字数:150 千字　　印数:1—2 000
版次:2007 年 11 月第 1 版　　印次:2007 年 11 月第 1 次印刷

书号:ISBN 978-7-80734-313-4/F·83　　定价:15.00 元

前言

人们生存的地理空间是不断变化发展的，地理信息系统（Geographic Information System，GIS）是模拟和表达地理空间的有效工具。但传统的地理信息系统是“静态的”，只能存储管理单一时刻或少数几个时刻的空间数据。地理空间发生变化后，新的数据进入系统覆盖掉旧的数据，导致历史数据丢失。由于缺乏历史空间数据的保存与建模，因此传统的GIS无法或很难进行历史状态的重建、时空变化跟踪、未来发展的预测，难以准确模拟复杂多变的地理空间中的各种现象。

要模拟和表达不断变化发展的地理空间，必须将时间概念引入到传统的地理信息系统中。时态地理信息系统（Temporal Geographic Information System，TGIS）就是将时间概念引入到传统的地理信息系统中，使之能够处理地理要素随时间的变化，更加完整地表达和模拟地理世界。将时间作为与空间同等重要的因素引入到GIS中，便产生了TGIS，其组织核心是时空数据库，概念基础是时空数据模型。1992年Gail Langran撰写的博士论文《地理信息系统中的时间》标志着TGIS研究的开始。此后GIS界和计算机科学界等有关领域的专家、学者都分别从不同方向对与此相关的问题进行了大量研究并取得了许多成果，但成熟的TGIS模型与商品化的时空分析模块仍未出现，归根结底在于缺乏一个通用的时空数据模型的支持。

土地是我们人类活动的平台，是最基础和最重要的资源与资产。土地信息既包含空间信息，又包含属性信息，土地的空间信息和属性信息是随时间不断发生变化的。一方面土地是资源，土地的自然形态会随着土地自身的运动和人类改造自然的过程而发生变化,“沧海桑田”正是描述了土地的自然演变。由于地表水热条件、地貌过程、土壤和动植物群落等都是随时间而变化的,某一时间的土地特征只是反映了某一时间的特定状况。另一方面,土地是资产,土地作为一种社会综合体,在社会和经济生活中会发生转让、置换等经济活动,在这些活动中,土地或分割或合并会引起土地空间形态发生变化;其权利人、用途等变化会引起土地的属性发生变化。城市国有土地作为我国最大的国有资产,变化日益频繁。而对变化前后的土地数据进行管理和分析能更好地辅助土地管理:通过地籍现状和历史数据的分析,能完整地描述某一时间段的土地权属和利用状况;通过记录地块的来龙去脉,可以为解决土地权属纠纷、确定土地产权提供准确的法律依据;通过对地籍历史数据的分析,能够预测未来土地利用需求趋势,为政府决策提供帮助。

随着土地管理工作的深入,土地的各类历史数据尤其是地籍管理、土地利用历史数据的查询与检索越来越频繁,土地管理工作者对于土地时空数据管理的要求也越来越高。作为土地管理的辅助工具,土地信息系统(Land Information System,LIS)必须能够表达、存储土地的变化情况。而时空数据模型正是建立此类系统的基础。因此,解决土地信息系统的历史数据管理问题归根结底在于建立一个适当的时空数据模型。

综上所述,对时空数据模型的研究不但具有理论意义,而且颇具应用价值;对时空数据模型在土地管理中的应用研究不但丰富了 TGIS 时空建模技术的应用实例,而且有助于解决土地管理领域中时空数据管理的难题。基于以上的考虑,本书针对 TGIS 时空数据模型的有关问题进行了探讨,并结合我国土地管理中的地籍管理进行了研究。

本书主要从以下几方面进行了研究和探讨:

(1)时间语义和空间语义的研究。时间语义和空间语义是时空数据建模的首要问题。本书在对空间和时间的基本概念辨析的基础上,形成了四种时空概念模型:域过程时空概念模型、域时间时空概念模型、对象过程时空概念模型和对象时间时空概念模型。

(2)面向对象的时空数据建模的研究。面向对象技术在支持复杂对象处理和表达能力等方面的优势已经在计算机辅助制图(Computer-Aided Drifting,CAD)、计算机辅助制造(Computer-Aided Manufacturing, CAM)、计算机辅助软件工程(Computer-Aided Software Engineering, CASE)和办公自动化(Office Automation, OA)等领域中得到证明,许多专家、学者也运用这种方法针对时空数据模型进行了研究。本部分主要运用面向对象技术,针对面向对象的时空概念模型进行了研究,将地理空间抽象表达为由时空属性对象(STAO)组成,指出 STAO 是空间类、时态类、属性类的聚合,深入分析了空间类、时态类、属性类以及时空对象类等的构成,并用 UML 表达了各个类之间的关系,形成了面向对象的时空属性概念模型(OOSTACM);并从概念层次对时空对象的约束条件和操作进行了分析,指出在 TGIS 中的动态操作可分为建立(Create)、存档(Delete)和永久删除(Destory)等。

(3)时空数据模型在土地管理中的应用研究。结合土地管理中的地籍管理的实际需求,运用面向对象的思想深入分析了地籍领域中存在的地籍调查区、宗地、界址线、界址点和权利人等各个对象及其之间的关系;然后将通用的面向对象的时空属性模型(OOSTACM)扩展到地籍领域中,形成了面向对象的地籍时空属性概念模型(Objected-Oriented Cadastral Spatial-Temporal-Attribute Conceptual Model, OOCSTACM)。针对地籍时空变化进行了深入研究,分析了地籍对象的时空关系,研究了宗地、界址点、界址线之间的关系。结合面向对象的地籍时空属性概念模型和地籍管理实际要求,采用扩展时空复合模型、基于对象-关系空间数据模型、把时间作为宗地的属性，形成了地籍时空逻辑数据模型。基于地籍逻辑时空数据模型针对地籍时空操作进行了深入研究，保证了逻辑数据模型的完整性。

时空数据建模问题是一项非常基础、技术综合性极强的研究，要形成一个真正的 TGIS 还有很多工作要做，要完整地解决土地管理领域的时空数据管理任务也非一日之功。限于本人学识水平、研究时间等诸多原因，本书对于许多内容的研究还不够深入，有些方面甚至没有触及。如果本书的有关内容能够对同行的进一步研究起到一点借鉴作用，那将给本人以莫大的鼓励。

对于书中的错误和不足，希望专家和同行不吝指教。

作　者

2007 年 8 月

目 录

第1章　绪　论

§1.1　研究意义

时态地理信息系统(Temporal Geographic Information System,TGIS)是能够处理地理要素随时间的变化,更加完整地表达和模拟地理世界的系统。TGIS的关键问题在于如何高效地管理空间、属性和时间三维一体化数据,即建立一种合适的时空数据模型,以便有效地组织管理及表达地理实体的空间、属性和时态语义关系。另一方面,在土地管理的过程中产生了大量的历史数据,表达、存储、管理这些历史数据需要时空数据管理功能的支持。因此,对时空数据模型的研究不但具有理论意义,而且颇具应用价值;对时空数据模型在土地管理中的应用研究不但丰富了TGIS时空建模技术的应用实例,而且有助于解决土地管理领域中时空数据管理的难题。

1.1.1　理论意义

传统的地理信息系统(Geographic Information System,GIS)只存储管理单一时刻或少数几个时刻的空间数据。变化发生后,新的数据入库覆盖掉旧的数据,导致历史数据丢失。由于缺乏历史空间数据的保存与建模,因此无法或很难进行历史状态的重建、时空变化跟踪、未来发展的预测,难以准确模拟复杂多变的地理空间中的各种现象。TGIS能够处理地理要素随时间的变化,更加完整地表达和模拟地理世界。1992年,Gail Langran发表了博士论文《地理信息系统中的时间》,标志着时态 GIS 研究的开始,虽然此后 GIS 界和计算机科学界都分别从不同方向对与此相关的问题进行了大量研究并取得了许多成果,但成熟的 TGIS 模型与商品化的时空分析模块仍未出现(Egenhofer,1999),归根结底在于缺乏一个通用的时空数据模型的支持。

地理实体具有空间、属性和时间三个基本特征。空间特征决定了地理实体的位置、形状,属性特征用于表达地理实体的本质特征并对地理实体的语义定义,时间特征则指地理实体空间特征和属性特征的时变信息,三个方面共同标识地理实体。将时间作为与空间同等重要的因素引入到 GIS 中,便产生了 TGIS,其组织核心是时空数据库,概念基础是时空数据模型(张祖勋,1996)。时空数据模型是在时间、空间和属性语义方面更加完整地模拟客观地理世界的数据模型(舒红,1997)。数据模型描述了地理实体与地理实体之间的关系,数据模型的好坏直接影响到空间数据库的数据查询检索的方式、速度和效率。时空数据模型的关键问题在于时间和空间如何集成,分开来看,空间数据模型理论逐步完善,技术得到广泛应用,部分方案被制订为规范(如美国国家空间数据传输标准 SDTS)。时态数据模型理论正在逐步从实验室向应用系统过渡,但时空数据模型的研究仍然很不成熟,这极大地阻滞了 TGIS 的实现。

1.1.2 应用意义

土地是人类活动的平台,是最基础和最重要的资源和资产。土地是有限的、不可再生的资源,而随着人口增长、资源枯竭、环境污染等全球性问题的出现,使人类必须加大土地管理的力度,高效合理地利用土地,实现可持续发展目标。而我国作为世界上人口最多的国家,人均土地资源尚不及世界人均的 1/3,根据联合国 1999 年“世界人口预测”报道,2040 年我国人口将达到 15 亿,届时平均每平方公里土地将承载157人。基数巨大并日益剧增的人口与有限土地资源的矛盾,经济高速增长带来的各种建设用地向农田争地的矛盾使我国的土地管理工作难度更高,土地供给矛盾更为突出,形势更加严峻。有限的资源与无限的需求之间的矛盾使得我们只有强化土地管理,高效合理地利用土地。这一切工作离不开土地信息系统(Land Information System,LIS)的支持。在《中华人民共和国土地管理法》中,将土地信息系统的建设列在其中,表明了我国在土地管理中对土地信息系统建设的重视。

土地问题的复杂性在于其复杂变化的自然条件、海量的独立使用单元、变化的使用方式、复杂多变的经济关系以及多种多样的制约条件,因此缺少高技术的支持必然难以准确把握土地的基本情况,必然难以做出正确的决策。所幸的是测绘、计算机、地理信息系统(Geographic Informaition System,GIS)等技术的高速发展使得我们有条件定量、定位、可视化地研究土地问题。土地信息系统就是高技术在土地管理中应用的具体体现,是定性、定量、定位以及可视化研究土地的重要手段。土地信息系统(LIS)是包含土地数据的GIS(Deuker,Kjerne,1989),它不仅需要管理土地的现势数据,而且需要存储土地的历史数据。土地信息既包含空间信息,又包含属性信息,土地的空间信息和属性信息是随时间不断发生变化的。一方面土地是资源,土地的自然形态会随着土地自身的运动和人类改造自然的过程而发生变化,“沧海桑田”正是描述了土地的自然演变;另一方面,土地是资产,在社会和经济生活中土地会发生转让、置换等经济活动,在这些活动中,土地或分割或合并,引起土地空间形态发生变化;其权利人、用途等变化引起土地的属性发生变化。在这个过程中产生了大量的历史数据,目前在我国即使一座中等规模的城市,每天土地使用权的交易量平均都达10宗以上,如何存储并使用这些与日俱增的大量历史数据,对土地信息系统的时空数据管理功能是一个巨大的挑战。尤其是随着土地管理工作的深入，土地的各类历史数据尤其是地籍管理、土地利用历史数据的查询与检索越来越频繁，土地管理工作者对于土地时空数据管理的要求也越来越高。作为土地管理的辅助工具，土地信息系统必须能够表达、存储土地的变化情况。而时空数据模型正是建立此类系统的基础，因此解决土地信息系统的历史数据管理问题归根结底在于建立一个适当的时空数据模型。

§1.2 国内外研究现状

1.2.1 时空数据模型研究现状

自从1992年Gail Langran提出TGIS概念以来，时空数据模型就引起了众多GIS专家和计算机学者的极大兴趣，他们分别从不同的角度开始了时空数据模型的研究。分开来看空间特征和时间特征数据建模研究，空间数据模型理论逐步完善，时态数据模型理论有一定积累，正在逐步从实验室向应用系统过渡（Richard T. Snodgrass，1995）。但至今时空数据模型的研究仍处在一个幼年阶段，一个基本概念理解、零碎实践经验积累的起步阶段，未形成完整的时空建模理论和技术体系，更未达到实际应用系统建立的地步（Martin Erwig，Ralf Harmut Guting，M. Vazirgiannis，1997）。时空数据模型研究的关键问题是时间和空间的集成，或者说如何将时间引入空间数据库。因此，时空数据模型的研究是与时间特征建模分不开的。数据时间特征建模的研究主要体现在两个方面：时态数据库研究和时空数据模型研究。时态数据库的研究主要包括时态关系数据库的研究和时态关系研究。

1.2.1.1 时态数据库的研究

1）时态关系数据库研究

20世纪70年代末、80年代初，一方面应人事或案情档案、病历、金融数据管理和分析的强烈应用需求,另一方面数据库技术的日渐成熟和大容量高速存储设备的发展为时态技术和数据库技术的融合创造了条件,数据库专家开始对事务数据的时态特征建模与时态数据管理进行了大量的研究。主要的研究成果为:提出了关系表、元组和属性字段时间标记的时态关系数据库模型,提出了有效时间(Valid Time)和事务时间(Transaction Time, Database Time)两种不同含义的标记时间,提出了时刻(Instant, Time Point)、时间区间(Time Period, Time Interval)和间隔时间区间集合(Time Element)3 种类型的时间标记。基于特定的时态关系数据模型,发展了相应的数据库理论基础:时态关系代数与时态关系演算、时态关系关键字定义、时态依赖、范式定义与规范时态关系分解原则。同时还初步探讨了时态关系数据库管理系统的实现机制:时态数据的物理存放策略、时间索引、时态数据库查询语言。1982 年,J. Ben Zvi 在其博士论文中提出了时态数据库模型,提出了时间区间、有效时间和事务时间的双时态概念,对非一范式的时态数据库进行了研究。1983 年,J.Clifford 在其博士论文及相关的一组文章中,对历史数据库进行了开创性的研究,他注意到了被管理对象的生命周期(Lifespan),研究了在关系、元组、字段值上加时间信息的技术细节,引入了历史关系模型、历史关系代数,研究了历史数据库中投影、选择、连接的特殊要求和规律。S. Ginsburg 教授于 1983 年提出了对象历史数据模型,深入分析了基于可计算元组的对象历史的特殊要求和规律,提出了基于记录、事件驱动的代数结构模型。Snodgrass 提出了有效时间和事务时间的概念,并将数据库按对时间概念的处理能力分为快照数据库、回滚数据库、历史数据库和时态数据库。1985 年,Richard Snodgrass 开发了时态查询语言 TQUEL。1986 年,Sharshi K.Gadia 建立了同时性关系模型。1987 年,Jame Clifford 等学者提出了历史关系数据库模型(HRDM)。

2)时态关系研究

数据模型通过描述实体与实体间的关系来抽象表示客观现实世界。时态关系是实体间的一类重要关系,是时态数据模型的重要语义内容。从自然语言中时态词语(过去、现在、将来;在……之前、在……之后)的机器理解,自动控制中动作执行的先后时间约束应用角度,人工智能专家对事件间的时态关系进行了深入的研究。典型的代表有:James F. Allen 于 1983 年基于时间区间提出了 13 种事件间的时态关系,M. Viliain 和 H. Kautz 于 1986 年基于时间点提出的时间点代数,Ma Jixin 和 Brain Knight 于 1993 年同时基于时间点和时间区间提出了 30 种事件间的时态关系,而张师超于 1995 年基于间隔时间区间集合提出了 21 种事件间的时态关系。事实上,如果将 James F. Allen 的时间区间视为简单的时间对象,张师超的间隔时间区间集合可看做由若干满足某种约束条件(集合里时间区间有序排列,且任意两时间区间无重叠部分)的基本时间对象构成的复杂时间对象。基于复杂时间对象的时态关系可转化为基于简单时间对象间的时态关系。而 M. Viliain、H. Kautz、Ma Jixin 和 Brain Knight 提出的时间点对象解释为微观、高速运动世界里事件间时态关系的刻画。

1.2.1.2 时空数据模型研究

时空数据模型的研究约出现于 20 世纪 90 年代初期,是空间数据模型的一个重要分支。时空数据模型的关键问题就是时间和空间集成的问题,空间数据库的发展经历了 3 个阶段:70 年代的基于文件系统的空间数据模型,80 年代的基于混合系统(管理图形数据的文件系统和管理属性数据的关系数据库系统)的空间数据模型,90 年代的基于数据库系统(对象—关系数据库系统)的空间数据模型。对应于这 3 个层次的空间数据模型,时空数据模型的研究也经历了不同的阶段。

从时变空间数据存储管理的角度,Gail Langran 提出了文件系统支撑下的 4 种时空数据模型:时空立方体模型、快照序列模型、基态修正模型和时空复合模型(Gail Langran,1992)。而 Michael F. Worboys 建议使用面向对象数据库技术支持时空数据建模(Michael F. Worboys,1992,1994)。从时空语义理解的角度,Donna J. Peuquet 将时间的语义理解为时间序列,提出了事件驱动的时空数据模型 TRIAD(Donna J. Peuquet,1995,1997)。另外,Agnar Renolen(1997)、Ale Raza(2000)、Bonan Li(2002)等对面向对象的时空数据模型进行了研究。

虽然我国的时空数据模型方面的研究相对滞后,但对时空数据模型的完善和在应用型 GIS 中考虑时空组织方面做了大量的工作。主要表现在关系数据库环境下,陈军(1995)和黄明智(1997)研究了非一范式关系数据库方法支撑下的非一范式关系时空数据模型。龚健雅(1997)提出了面向对象时空数据模型。杜道生等(1997)提出了基于同步数据项和碎分拓扑弧段时间标记的时态空间数据模型。另外,林辉(1993)、舒红(1997)、马劲松(1995)、黄杏元(1995)、李小娟(1999)、王晓栋(1999)、郑扣根(2001)、曹志月(2002)、林广发(2002)、尹章才(2003)、张山山(2003)、金培权(2004)等也提出了一些数据模型或对模型进行了修正,大大推进了 TGIS 与时空数据模型在中国的应用和进展。

对时空数据模型的研究主要有两种方法:一是在现行的空间数据模型上添加时态管理功能,二是一体化的时空数据模型。第一种方法又称为“双重结构(dual - architecture)”(Van Oosterom,1993),其中 Gail Langran(1992)、Yuan(1994)、Peuquet(1994)、Claramunt 和 Theriault(1995)、陈军(1997)和 Raza(1998)提出的时空数据模型属于这种类型,主要的时空数据模型有快照序列模型、基态修正模型、时空复合模型、事件驱动的时空数据模型等。第二种方法是通用的时空数据模型,它将时间作为等同于空间的一维来处理,关于这种数据模型的研究主要有 Pigot 和 Hazelton

(1992)、Worboys(1994)、龚健雅(1997)、舒红(1997)、Ale Raza(2000)、曹志月(2002)等。

迄今为止,时空数据模型已得到了专家学者们的广泛关注并做了大量卓有成效的工作,但目前所看到的各种方法中,理论层面的研究居多,在实现时还存在着一定困难。

1.2.2 LIS中时态问题研究现状

土地信息系统是综合运用计算机技术尤其是GIS技术来实现土地数据的输入、输出、编辑、存储、查询和统计分析的信息系统,是土地管理工作的辅助手段,是信息技术在土地管理领域应用的最高形式,它利用信息技术为土地管理工作者提供定性、定量、定位以及可视化的工作条件,不仅可以大幅度地提高土地管理的工作效率,而且可以全方位地考虑土地问题的方方面面,为科学决策提供基础信息,有效地提高土地管理的工作质量。

土地信息系统随着计算机技术、数据库技术的发展而发展。土地信息系统在土地管理中的重要性早已被世界各国认识到,西方发达国家早在20世纪70年代就进行了土地信息系统的探索和开发。在我国,将土地管理纳入各级政府的一个专项职能始于1986年,从这时开始,各级土地管理部门就将土地信息系统建设作为部门的一项基础设施来抓。截至1995年,全国各级政府相继累计投资5亿元资金进行土地信息系统软硬件建设。1995年5月,原国家土地管理局组织了土地信息系统演示会,有40项成果参加演示。现在国土资源部正在向基层管理部门推广土地信息系统,与此同时,作为“数字国土”项目组成部分之一的国土资源大调查工作也在全国大规模地展开,土地信息系统也将在这一宏伟的信息工程中发挥重要的作用。在我国1998年颁布的《中华人民共和国土地管理法》中,将土地信息系统的建设列在其中,表明了国家对土地信息系统建设的重视。近期“金土工程”也正式启动,这必将对土地管理水平提升起到不可估量的作用。

尝试着把时间引入土地信息系统较早的一个方向是在地籍信息系统中保存历史信息。1988 年 Hunter 提出了一个关于该方向的应用例子。1990 年 Hunter 和 Williamson 提出用创建日期和停止日期对地块进行时间标记。此后,国内外许多专家学者针对土地信息系统中的时空数据管理问题进行了深入而广泛的研究,这些研究大大推动了时空数据模型的进展和土地管理中时空数据管理功能的完善。Jaeik Liou(1999)研究了基于面向对象建模技术的时态土地信息系统,他在面向对象技术指导下从概念层次研究了土地信息系统的时空数据模型,但最终没有形成实用型的系统。Joon Heo(2001)在考虑了美国地籍数据的特点、用户需求和功能的基础上,研究了基于地块的土地信息系统的时空数据模型,开发出了一个实用型地籍信息系统。Ale Raza(2002)基于面向对象的方法和单元复形体(cell complexes)理论模拟了城市土地利用时空变化。

20 世纪 90 年代以来,随着我国土地使用制度的改革和土地信息系统开发的深入,我国的许多专家学者也针对土地信息系统中的时态问题进行了深入的研究。乐燕芬(1996)提出了时态地块和活动权属概念,构造了一个描述和表达土地时空变化的扩展时空复合模型,同时用非第一范式和两层时间标记法对土地划拨中的时态数据进行标记,借助于活动地块表、不活动地块表和后向指针索引表建立了每个时态地块与其时态邻域地块之间的链接关系。常征(1997)通过分析地块变更的时空变化过程,总结出具有父子关系的时态地块之间的空间相交性和时间相接性特点,分析归纳出查询这种关系的约束条件;利用扩展时空复合模型和元组时间标记,借助于变更地块之间的约束条件,设计出查询变更地块的时态链的算法。蒋捷(2000)针对业务化运行的图文办公系统中的土地划拨时空数据库的设计进行了研究,其利用“事件驱动”的思想对土地划拨时空数据库中审批事件及其与时空地块状态因果关系的描述与表达进行了初步研究，借鉴主动数据库领域的研究成果对土地划拨事件及其过程进行了形式化表达。严泰来、吴平(2002)提出了一种依据关系数据库管理下带有时间维数据结构的数据模型，利用面向对象的思想，在国际 GIS 标准数据交换格式基础上，补充时间维数据结构，进行了时空数据模型的设计。此外，乔彦友(1996)、王康弘(1999)、罗年学(2001)、徐志红(2002)、姚志军(2002)、翟亮(2004)等也涉足了土地信息系统中地籍管理中的时空数据管理的研究。李小娟(1999)、王晓栋(1999)研究了土地利用动态监测中的时空数据管理问题；潘瑜春(1999)研究了土地利用变化中时空数据更新问题。

这些研究使土地信息系统中的时空数据管理功能愈来愈走向成熟，顾及时态的土地信息系统必将从实验室走向成熟的应用系统。

§1.3 本书的主要内容及组织

时空数据模型是能够正确处理空间数据、属性数据和时间数据之间关系的模型，是建立 TGIS 的基础，但目前仍没有规范化的时空数据模型出现，这严重阻滞了 TGIS 的实现和应用；另一方面，随着土地产权交易的日益频繁，每天产生了大量的历史数据，面对着与日俱增的土地历史数据，土地管理者迫切需要一个实用的、先进的、具有土地时空数据管理功能的应用系统。所有这一切，离不开时空数据模型的支持。鉴于上述原因，本书针对时空数据模型及其在土地管理中的应用展开研究。

时空数据模型是 TGIS 的基础，也是目前制约 TGIS 实现的瓶颈。时空数据模型的首要问题是时间和空间语义建模，本书首先分析了时间、空间和时空的概念，并对时间关系、空间关系和时空关系的表达进行了探讨；然后在分析以往数据模型的基础上，借助面向对象的思想，对时空世界进行了抽象和表达。我们认为地理时空世界由许多相互关联着的时空属性对象(Spatial Temporal Attribute Object,STAO)组成。主要从两个角度进行了时空数据建模的研究,一方面是应用层面,指出土地管理中对时空数据管理的需求越来越迫切;另一方面是技术层面,时空建模也是建立TGIS的关键问题。本书首先从技术层面运用面向对象的思想对时空建模进行了研究,然后结合土地管理中地籍管理的实际需求,对时空数据管理的应用进行了尝试,并最终形成了地籍时空对象模型,在此基础上指导地籍信息系统的建设,满足了地籍领域中对时空数据管理的需求,验证了时空数据模型的正确性,从技术和应用两个层面对时空数据建模进行了探索。

全书共分为7章。

第1章主要指明了该研究的理论意义和应用意义,简要说明了该领域国内外的研究现状,并对本书的主要研究内容和组织方式进行说明。主要指出对时空数据模型的研究不但具有理论意义,而且颇具应用价值;对时空数据模型在土地管理中的应用研究不但丰富了TGIS时空建模技术的应用实例,而且有助于解决土地管理领域中的时空数据管理的难题。

第2章首先指出计算机对时空世界的抽象分为3个层次:概念层次、逻辑层次和物理层次,分别对应着概念模型、逻辑数据模型和物理数据模型;然后,深入分析了时间、空间和时空的语义,尤其深入分析了时间的主要概念,对时间和空间的异同进行了辨析,为时空建模打下了基础;第三,结合空间概念模型,指出存在4种时空概念模型;最后,对时间关系、空间关系和时空关系的描述与表达进行了深入分析,为下一步时空建模中时空关系的分析提供了理论基础。

第3章首先分析了现有时空模型的优缺点,指出现有时空数据模型大多基于较低层次的抽象,是对时空世界不完全的模拟,同时指出利用面向对象的思想进行时空世界的模拟具有很大的优越性；然后，利用面向对象的思想对时空世界进行了分析，将时空世界抽象看做由时空属性对象（STAO）组成，而 STAO 又是空间类、时态类和属性类的聚合，并利用 UML 对空间类、时态类和属性类等进行了表达，最后形成了面向对象的时空属性概念模型（Object-Oriented Spatial Temporal Attribute Conceptual Model, OOST-ACM），最后，对时空对象及其操作进行了分析。

第 4 章结合土地管理中的地籍管理的实际需求，运用面向对象的思想深入分析了地籍领域中存在的各个对象，指出地籍领域中不仅存在大量的非空间对象，而且存在大量的时空对象，地籍信息系统是 TGIS 的具体应用；然后将 OOSTACM 扩展到地籍领域中，形成了面向对象的地籍时空属性对象模型，最后以宗地对象为研究对象，分析了宗地存在的时空变化方式和规律，为解决地籍信息系统的时态问题提供了技术支持。

第 5 章首先结合计算机理论，探讨了面向对象的概念模型向对象—关系逻辑数据模型转化的步骤及方法；然后结合时空数据的特点和计算机理论提出了时空逻辑数据模型设计的基本原则，为地籍时空逻辑模型的设计提供了标准。紧接着结合面向对象的地籍时空属性概念模型和地籍管理实际要求，采用扩展时空复合模型、基于对象—关系空间数据模型，把时间作为宗地的属性，形成了地籍时空逻辑数据模型，同时针对地籍时空操作进行了研究，为下一步系统的实现提供了保证。

第 6 章首先指出了时态地籍信息系统的基本功能和结构体系，并介绍了系统开发的软件平台。然后以郑州市某区的数据为例，进行了地籍信息系统中时空数据管理的尝试——基于 GeoMedia 开发了一个顾及时态的地籍信息系统，该系统满足了地籍时空数据管理的需要，同时对前文提出的时空数据模型进行了验证。

第 7 章对该项研究进行了总结，并对下一步需要开展的工作进行了展望。

第 2 章　时空建模基础

地理世界是不断变化发展的，模拟和表达不断变化发展的地理世界是 TGIS 的目的。TGIS 组织核心是时空数据库，概念基础是时空数据模型。时空数据模型是一种空间、属性和时间语义更加完整的数据模型，它提供更加有效的时变空间数据模拟与组织手段。因为时空数据模型的发展是同计算机技术密不可分的，本章首先结合计算机技术提出时空建模的 3 个层次：概念模型、逻辑数据模型和物理数据模型；因为时空数据模型的首要问题是时间和空间语义建模，本章在分析时空建模的 3 个层次后针对时间和空间的基本语义以及地理实体的 3 个特性：空间、时间和属性的基本语义进行分析；最后对时空数据库的有关概念和时空关系的表达进行了探讨。

§2.1　地理空间的建模步骤

2.1.1　时空建模的层次

信息系统就是借助于计算机技术对一定范围内现实世界的模拟，是服务于一定的应用需要的。按信息系统关注的对象不同，信息系统可分为空间信息系统和非空间信息系统。地理信息系统属于空间信息系统，它处理地球表面或其附近空间位置相关数据。地理空间是不断发生变化的，其动态变化通过事件、过程、行为和结果来描述(Allen，1984)，要描述动态变化的地理空间，时间维发挥着至关重要的作用。缺少时间因素的表达就难以描述现实世界的动态变化，只有将时间因素作为系统内在的不可缺少的部分进行考虑才能准确地表达世界的变化。传统的地理信息系统在描述现实世界时没有考虑时间因素，无法表达地理空间随时间的变化，因此传统的地理信息系统是对地理时空不完整的模拟和表达。传统的 GIS 只存储管理某一时刻或几个时刻的空间数据，无法存储和管理历史数据，导致变化后的新数据覆盖旧数据，从而无法获取地理实体过去的状态，不能进行时空变化跟踪，难以或根本无法实现未来发展趋势的预测。时态地理信息系统就是能够表达、管理地理实体随时间变化的信息系统，它是提供强有力的时空建模和高效可靠时空数据管理的信息系统。

地理信息系统就是对地理世界的模拟。模型是对现实世界的事物、现象、过程或系统的简化描述，是人们根据自己对客观世界的认识，服务一定的应用需要，借助计算机建立起来的对一定范围内客观世界的模拟，模型一般由系统、要素、关联和约束条件 4 部分组成。数据模型是对现实世界的抽象，是建立信息系统的基础，它有助于我们理解现实世界的动态和静态属性，任何数据模型都具有一定的表达能力，但没有任何数据模型能够 100% 地表达现实世界，它的完善程度受人类认识客观世界的深度和计算机资源的限制。抽象是对现实世界的简单化描述，一个好的抽象就是能够表达现实世界的主要特征。在计算机领域中，建模的过程就是对现实世界抽象的过程，就是利用各种工具对现实世界的表达和形式化的过程，在空间信息科学中，建模就是通过地理实体、地理实体之间的关系和约束定义现实地理现象，基于时空建模的信息系统就是时态地理信息系统。

在计算机领域，对现实世界的建模可分为两个阶段：抽象描述和计算机实现。数据模型分为 3 个层次：概念模型、逻辑模型和物理模型。整个系统的设计和建模过程如图 2-1 所示。同样，时空数据模型的建立也可分为 3 个层次：时空概念模型、时空逻辑模型和时空物理数据模型。

概念模型是一种以形式化或半形式化语言表达的某一领域现象的近似表达(Thanasis Hadzilacos 和 Nectaria Tryfona,1996),有的文献将其称为语义数据模型。从计算机系统的角度看,它是抽象的最高层次。构造概念模型应遵循的基本原则是:语义表达能力强;作为用户与 GIS 软件之间交流的形式化语言,用户应易于理解;独立于具体的计算机实现;尽量与系统的逻辑数据模型保持同一的表达形式,可直接或易于向逻辑数据模型转换。

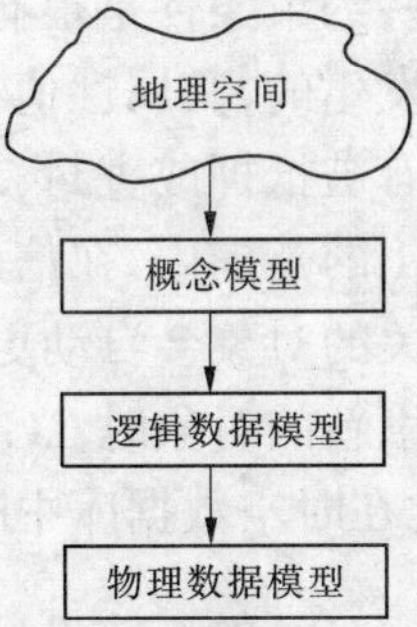

图 2-1　建模的 4 个层次

逻辑数据模型是系统对时空数据表示的逻辑结构,由概念模型转换而来,主要描述系统中数据的结构、数据操作以及数据操作的完整性问题。这类模型通常有严格的形式化定义,而且常会加上一些限制和规定,以便于实现。逻辑数据模型和数据库管理系统(DBMS)有关,DBMS 的设计完全依赖于逻辑数据模型,DBMS 常以其所用的逻辑数据模型来分类,如关系数据模型、网络数据模型、层次数据模型、对象关系模型和面向对象的数据模型等。

物理数据模型是概念模型在计算机内部具体的存储形式和操作机制,是系统抽象的最低层次。

在 GIS 中数据模型包含对象、关系和约束条件 3 部分内容,在设计阶段包括数据模型中的对象和对象关系两部分,而约束条件在设计阶段和数据库管理系统中定义。约束条件即数据一致性规则(Date,1990),约束条件主要用于保证数据库的逻辑一致性,逻辑一致性处理结构的规则和空间数据属性的规则,在时态地理信息系统中逻辑一致性包括属性一致性、空间一致性和时态一致性。这些约束条件是很有必要的,因为现实世界中事件是按严格的顺序发生的,其属性值有一定的范围,例如在土地转让时该地块必须没有被抵押或查封,地块面积不能为负值,每个月的天数必须在1～31的范围内,在信息系统中一致性保证在对象发生变化时,和它有关的对象会自动更新。同传统的GIS相比,当对象发生变化或产生新的对象时TGIS应该保持过去数据和现在数据的一致性,因此在时空数据库中时态一致性很重要。

2.1.2 TGIS的系统设计和抽象过程

信息系统是现实世界的模型,建模是系统分析和设计的本质,分析的目的就是为了获得对现实世界更加真实的描述,设计就是数据模型的实现,时态GIS是比传统GIS对现实世界更加真实的描述,因此时空数据模型必须建立在对现实世界的准确理解上。如图2-2所示,TGIS对现实世界的抽象经历了3个不同的层次:外部层次、概念层次和内部层次。在外部层次上,不同的观测者对现实世界有不同的感知和理解,时空建模和非时空建模的最大不同就是在时空建模中从现实世界映射到数据库中时具有时间标记。如在顾及时态的土地信息系统中,如果某地块在时刻 T_1 具有某种状态(权利人为A,用途为工业…),在 T_2 时刻该宗地的状态发生了变化,权利人变为B,那么在数据库中应分别记录下该宗地在 T_1、T_2 时刻的位置、形状等信息,并作上时间标记。

设计阶段主要是对现实世界的抽象,即对象及其关系在概念、逻辑和物理3个层次上的表达。在概念层次上,现实世界用更加抽象的形式表达对象、属性和关系。如某地块用多边形来表达,用属性如权利人、土地用途等来描述它是什么,用时间来表达什么时间发生了什么。在这个层次上,常用的建模方法是实体-关系模型和面向对象方法。用这种方法来映射现实世界,然后把对象或实体映射到逻辑层次存储到数据库中。在逻辑层次上有4种数据模型，即层次、网状、关系和面向对象数据模型，在这个层次上，应用程序开发者必须决定如何存储几何信息、变量的类型、属性的长度，时间用年、月、日什么方式来表达；在物理层次，数据存储在硬件设备上，应用规则、计算机科学、地理信息原理等理论和工具缩短现实世界的表达与物理实现之间的差异。

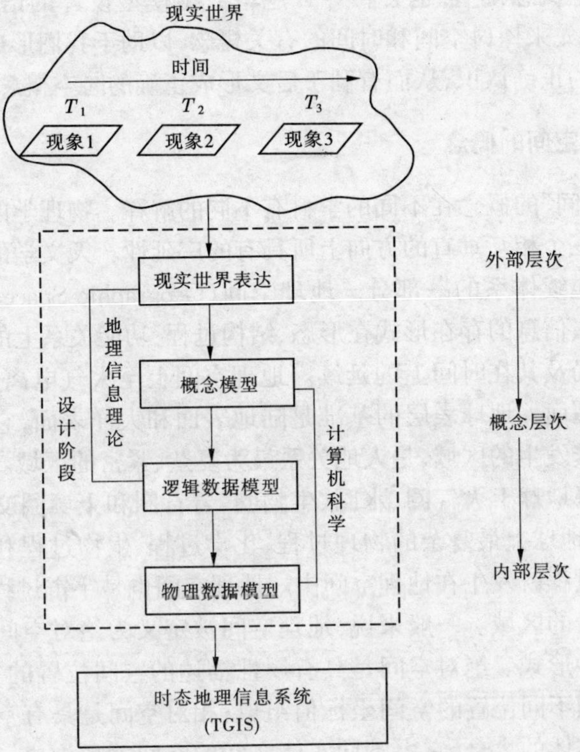

图 2-2　TGIS 的系统设计和抽象过程

§2.2 时间和空间的基本语义

时空数据模型是对地理世界更加准确的模拟和表达,对现实世界的建模源自于对现实世界的认识,原始时空概念的建立是时空数据模型设计的开始,是时空数据库的重要概念基础。对时间语义、空间语义和时空语义认识存在偏差则导致难以形成语义丰富的时空概念模型,也必将导致逻辑数据模型设计的语义贫乏。因此,首先来探讨空间和时间的有关概念,以助于我们形成对时间和空间的正确认识,从而有利于后文形成正确的时空概念模型。

2.2.1 空间的概念

"空间"的概念在不同的学科有不同的解释。物理学的空间指宇宙在三个相互垂直的方向上所具有的广延性。天文学的空间是指时空连续体系的一部分。地理空间(Geographic Space)是指物质、能量、信息的存在形式在形态、结构过程、功能关系上的分布方式和格局及其在时间上的延续。地理空间上至大气电离层,下至地幔莫霍面。地球表层的基准是陆地表面和大洋表面,它是人类活动频繁发生的区域,是人地关系最为复杂、紧密的区域。地理空间是行星地球上大气圈、水圈、生物圈、岩石圈和土壤圈交互作用的区域,地球上最复杂的物理过程、化学过程、生物过程和生物地球化学过程就发生在地理空间中。地理空间也是宇宙过程对地球影响最大的区域。一般来说,地理空间被定义为绝对空间和相对空间两种形式。绝对空间是具有属性描述的空间位置的集合,它由一系列不同位置的空间坐标值组成;相对空间是具有空间属性特征的实体的集合,它由不同实体之间的空间关系构成。在当前地理空间应用中,地理空间被建模为二维或三维欧氏空间的子集。

这两种不同的空间定义导致两种不同的认识地理空间的抽

象:基于对象(Object-based)的模型和基于域(Field-based)的模型。基于对象(Object-based)的模型把地理现象作为不连续的、可识别的、具有地理参照的实体来处理,这是矢量数据模型的概念基础。基于域(Field-based)的模型把地理现象作为连续的空间分布信息的集合来处理,每个这样的分布可表示为从一个空间结构(如覆盖在理想的地球表面模型上的规则格网)到属性域的数学函数,这是栅格数据模型的概念基础。有很多类型的数据,有时被看做域,有时被看做对象。选择某一种模型而不选择另外一种模型主要顾及数据的测量方式。如果数据来源于卫星影像,其中某一现象的一个值主要是为区域每一个位置提供的,如作物类型或者森林类型可以采用一个基于域的观点;如果数据是以测量区域边界线的方式而且区域内部可被看成一致的,就可以采用一个基于对象的观点;如果将分类空间分成一个粗略的子类,一个基于域的模型可以被转换成一个基于对象的模型,因为后者更适合于离散面的或者线的特征的度量和分析。

同时间概念相比,GIS 中空间概念比较成熟,在数学上空间可被定义为空间对象及其关系的集合。在 GIS 中,我们在欧几里德空间中处理对象和它们之间的关系。在欧式空间中,地理实体可被描述为结点、弧段、多边形和体。不同的空间关系定义了不同的空间类型。例如距离关系定义了度量空间,拓扑关系定义了拓扑空间。

2.2.2 时间的概念

时间现象只能通过结果感知,时间的本质在哲学等领域至今仍是个探索的课题。许多哲学家试图定义时间的概念,目前存在 4 种为人们普遍接受的时间哲学观:牛顿、莱布尼茨、爱因斯坦、马克思的时间观(舒红,1998)。牛顿认为时间是同空间维相似,但独立于空间之外的另外一维。他认为空间和时间是客观的、绝对的、独立存在的,空间和时间彼此无关。莱布尼茨认为"时间是事件发生的顺序"。时间由事件序列引申而来,时间的方向由事件的顺序来确定,事件的不可逆性决定了时间的单方向性。而爱因斯坦的相对论认为存在是四维的,是在合并三维空间和一维时间的四维时空中的存在,而不是一个三维存在外加它在时间上的演化。他认为时间和空间是相互作用的,时间不能完全脱离和独立于空间,而必须和空间结合形成所谓的空间-时间的客体。在相对论中,时间和空间坐标没有真正的差别,犹如任何两个空间坐标没有真正的差别一样。而马克思认为"时间和空间是运动着的物质存在的基本形式",物质不能脱离时间和空间而存在。尽管许多哲学家试图给时间定义,但是目前仍没有统一的认识。时间的复杂性在于人类理解和感知现实世界的方式。Al-Taha(1992)概括了时间复杂性产生的原因:

(1)表达的精度:例如,在英语中 now 可以指今天、这一星期、今年或本世纪;today 可以指现在或今天;future 可以指明天、一周后或一年后;past 可以指一小时前、昨天或一周前。

(2)理解的多样性:对不同的应用和研究领域,对时间的要求不一样,如对历史研究而言,一年是一个很小的单位;而一秒对原子核的研究则已经足够。

(3)事件或过程的多样性:事件具有结果和顺序。

结果:事件或过程都有明显的结果。

顺序:事件具有一定的顺序。

事件本身可被分为两类:外部的和内部的(人工事件),外部事件是自然过程,如洪水、温度等,内部事件是非自然过程,如在土地管理中土地产权的转移、土地的抵押查封等。

在日常生活中时间似乎表现得很简单,但是要在信息系统中表达和模拟它却是一个极其复杂和具有挑战性的工作。如前所述,正确的数据模型是建立在对研究对象的正确认识的基础上的,因此在进行时空数据建模之前我们首先要对时间这种现象形成正确的认识。

2.2.2.1 变化

现实生活中我们无法感知时间,我们只能通过变化来感知时间的流逝。我们认为时间的深层语义是事件的序列,时间的本质是变化,是从一个状态变为另一个状态。地理空间中地理实体的变化可分为本质变化和非本质变化,本质变化引起新的地理实体产生,产生一个新的对象(Object),非本质变化导致地理实体的一个新的版本(Version)。在地籍管理中宗地的空间变化引起新的宗地产生,表现为产生一个新的地籍号,宗地权利人的变化是宗地的非本质变化导致宗地的一个版本出现,此时,不产生新的地籍号。

2.2.2.2 状态、事件和证据

状态(State)、事件(Event)和证据(Evidence)这三类数据共同来描述变化,共同来感知时间。Langran(1992)认为 TGIS 中应该包含这 3 种数据:状态、事件和证据。状态(State)表达地理实体在某一时刻的属性,如在地籍管理中宗地 A 在 1999 年 9 月 9 日归 B 权利人使用。事件引起地理实体从一个状态转化为另一个状态,描述了变化发生的原因,如在 2000 年 5 月 26 日宗地 A 发生转让归 S 权利人使用,转让即为引起宗地 A 从一个状态转化为另一个状态,并描述了发生变化的原因。证据是一种来源文件,它表明某事件已经发生,表明某地理实体已经从一个状态转化为了另一个状态,在地籍管理中宗地 A 由 B 权利人转让给 S 权利人的证据就是土地证书。

§2.3 GIS 中的时空观

时间和空间是密切相关的,如图 2-3 所示,假设 $O = \{O_1,$

$O_2, \cdots, O_n\}$是一组空间实体,$S=\{S_1, S_2, \cdots, S_n\}$表示空间位置,$T=\{T_1, T_2, \cdots, T_n\}$是时间,可以得到:

(1)一个实体在某一时刻不可能在不同的空间位置(见图 2-3(a));

(2)一个实体在不同的时刻可能位于同一空间位置(见图 2-3(b))。

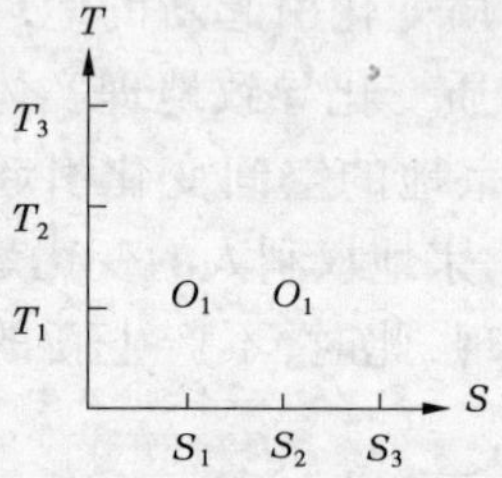

(a)不可能的关系

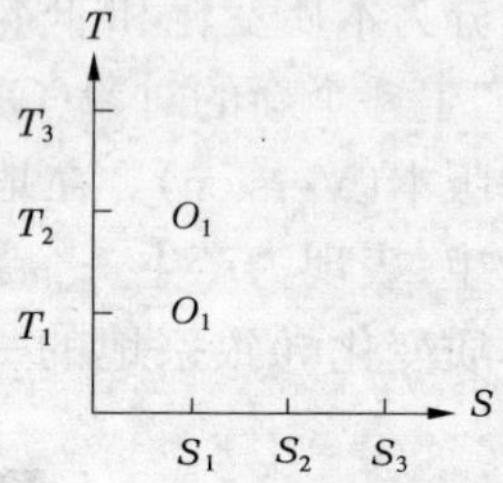

(b)可能的关系

图 2-3 时间和空间的关系

空间概念和时间概念既具有相似之处,又具有很大的不同。通过对空间概念和时间概念的辨析有助于我们对时间和空间形成正确的认识。

2.3.1 空间和时间的相似性

(1)时间和空间都具有包容性。脱离时间和空间的事物是不存在的,任何事物都存在于一定的空间和时间中。在 TGIS 中,任何地理实体都存在特定的位置和特定的时间,不存在没有位置和时间的地理实体。

(2)空间和时间都是多维的。空间是多维的,地理空间具有三维。在当前地理空间应用中,地理空间被建模为二维或三维欧氏空间的子集。

时间也是多维的,时间维是同事件的发生相关的:如事件发生的时间、观测的时间、入库的时间等，在地块的产权转移过程中申请登记的时间 T_1、发证的时间 T_2、入库的时间 T_3 等。时间的维数由特定应用的用户决定。

(3)空间和时间都是可度量的，都有距离函数。在 TGIS 中我们认为空间和时间都是可度量的，都有距离函数。存在于地理空间中的地理实体之间具有距离关系，空间对象之间的距离通过距离函数计算。时间一般采用时间点、时间间隔和时间范围来表示。时间点是单一的值，常用某一时刻表达，时间间隔反映了事件持续的时间或对象的生命，常用一个起始时间点和终止时间点来表示。时间范围就是没有起始时间点和终止时间点的时间长度。时间间隔表达了时间的距离和概念。

(4)空间和时间都可被理解为离散、稠密和连续 3 种方式。地理空间可被建模为离散、稠密和连续 3 种方式，一维线轴几何时间模型可以转化为 3 种代数时间模型：连续时间、稠密时间和离散时间模型(Snodgrass，1995)。离散时间模型将时间模拟成非负整数的集合，稠密时间将时间模拟成有理数的集合，连续时间模型将时间模拟成实数的集合。

(5)空间和时间都可被看做是有界限的。时间和空间相对于地球惯性系客观存在，是变化着的地理实体存在的一种客观形式。现实世界中的地理时间和空间是无限的，而信息系统中时间和空间受应用目的和技术手段的限制是有限的，GIS 中时空数据模型模拟的时间具有一定的范围限制。

(6)空间和时间都具有绝对和相对两种表达方式。一般来说，地理空间被定义为绝对空间和相对空间两种形式。绝对空间是具有属性描述的空间位置的集合，它由一系列不同位置的空间坐标值组成；相对空间是具有空间属性特征的实体的集合，它由不同实体之间的空间关系构成。

时间可被划分为绝对时间(Absolute Time)和相对时间(Relative Time),绝对时间用相对于时间起始点的距离表示,而相对时间用两时间点的时间间隔表示。如“2001 年 10 月 16 日”是绝对时间,“3 个月”是相对时间。

2.3.2 空间和时间的不同点

(1)空间限于三维,而时间不止三维。时间和空间都是多维的,但是地理空间仅限于三维,而时间的维数则根据不同的应用有不同的维数,如宗地登记的申请时间 T_1、测绘时间 T_2、评估时间 T_3、审批时间 T_4、发证时间 T_5 等。

(2)时间有特殊的方向性,而空间没有。时间只能由过去、现在到未来,而空间则可以向任意方向扩展。

(3)时间是不断连续移动的,而空间是静止的。

2.3.3 GIS 中的时空观

通过对时间和空间特点的比较,我们可以看出时间和空间的集成并不是简单的“时间 + 空间”,同非空间数据库中时间的处理相比,时空数据库中对时间的处理更加复杂。目前,时态数据库已经出现,但是时空数据库尚未出现。在空间数据库中处理时间可以把时间作为第四维(三维空间和一维时间),这就要求空间和时间必须用同样的方法建模。如果把时间看做独立的维,则可以用不同的建模方法来处理空间和时间。如果把时间看做通过结果感知的现象,就必须研究什么是变化这个问题。时间和变化是密切相关的,没有时间的变化是无意义的。变化意味着对象状态的改变,但是时间的变化并不意味着对象状态的改变。

TGIS 实现的关键问题是时间和空间的集成。我们每个人都生活在时间和空间中,时间和空间的概念对于我们来说似乎很熟悉,但是由于种种原因却很难对时间和空间形成一个统一的概念。对时空(space-time)概念的探讨,经历了很长时间,但却没有统一的认识，爱因斯坦的狭义相对论时空观指出：不能抽象地谈论时间和空间，只能具体地谈论时间和空间，要把时间和空间与具体的物体（参考系）联系在一起。四维时空坐标系（三维空间直角坐标和一维时间坐标）是一种相对论的时空概念，时间和空间密切联系且不可分割，不存在三维空间和一维时间的明确区分，只存在着四维的时空连续区。

在地理信息系统中，研究的对象存在于地球表面及其附近空间中，关联着空间和时间定位信息、变化着的客观实体（或称为地理现象、地理实体）。这种空间和时间是相对于地球表面与地球联系在一起的空间和时间，即地理空间和地理时间。这种变化速度相对于光速极其缓慢，不产生相对论里空间和时间上的联系。时间和空间相对于地球惯性系客观存在，是变化着的地理实体存在的一种客观形式。现实世界中的地理时间和空间是无限的，而信息系统中时间和空间受应用目的与技术手段的限制是有限的，GIS 中时空数据模型模拟的时间具有一定的范围限制。任何地理实体都存在于一定的空间位置和时间点上。空间表现了地理实体的一种伸展特性（空间结构、形态等），而时间则反映了地理事件的次序发生，地理时间尺度取决于地理事件发生的频率。地理实体呈现出受空间和时间绝对定位与相对关系制约而存在、发展的规律。

在 GIS 时空数据模型中，孤立单纯地研究时间和空间是无意义的，必须围绕地理实体这个中心来研究时间和空间。舒红（1998）依据时间的尺度观点和时间的事件观点认为存在两种 GIS 时空观，一种是单纯从度量角度考虑得出的一种平行时空观，即将时间、空间和属性平行地作为地理实体的 3 种数据成分或 3 个基本特征（见图 2-4），另一种是将时间理解为事件序列的表现形式，则时间应居于空间特征和时间之上（见图 2-5）。地理实体的时间特征由其空间特征变化和属性特征变化来共同表现，即时间语义由改变空间状态或属性状态的地理事件序列来表现。

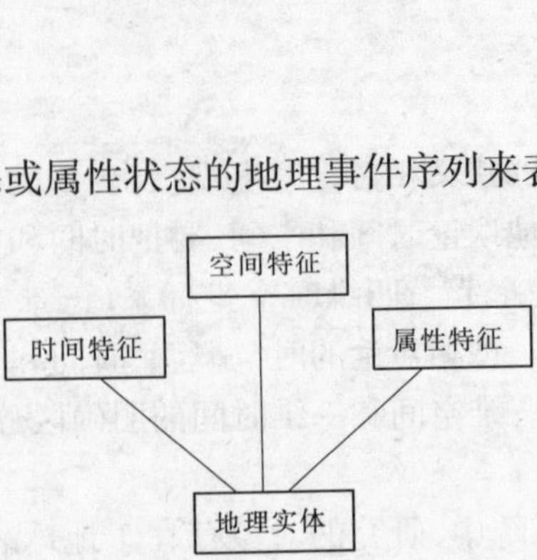

图 2-4　地理实体的基本特征(舒红,1998)

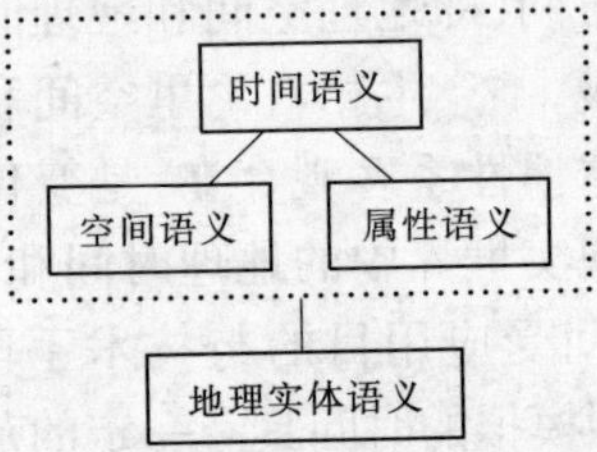

图 2-5　地理实体的 3 种语义(舒红,1998)

§2.4　时空概念模型

时间就在我们的身边流逝,但是我们却无法明确地感知到。Langran(1989)认为对时间的建模主要有两种方法:基于过程的建模(Process modeling)和基于时间的建模(Time modeling)。其中:过程可通过基于事件的方法(Event-based approach)和基于时间或触发的方法(Time-or trigger-based approach)来表达时间。基于事件的方法又可称为基于变化的方法,事件或变化是导致时空变化的根本原因。基于时间的方法中变化的原因不是事件而是时间,当经过某一段时间后会导致另一个过程(Process)产生。在基于时间的建模中仅考虑时间的变化,在这种模型中认为时间均匀地流淌，不受其他任何事物的影响。这时实际上时间可被看做一个参数，每隔一定的时间，便记录和保存一次地理空间的状态。根据以上分析可形成两种时间概念模型：基于过程的时间概念模型和基于时间尺度的时间概念模型。

舒红(1998)认为时间具有时间尺度浅层语义和事件序列深层语义，在此基础上他提出了两种时间概念模型：时间尺度时间概念模型和事件序列时间概念模型。在时间尺度模型中，时间模拟成线轴(自然数、整数和实数集合)，存在如一般数量尺度同样的度量指标：时间单位(粒度)、时间距离(间隔)、时间数值运算、时间比较运算、时间逻辑运算。在时间尺度的指导下，GIS数据建模采用状态数据带上绝对时间值标记(主要指有效时间标记)的方法。而事件序列模型中不注重绝对时间作标志的记录，而强调通过时间序列来间接地给人以时间印象。由于事件的具体语义依赖于应用领域，而数据模型具有一定的通用性，因此无法在数据模型中直接表达具体的事件语义，但我们可以通过记录状态来间接地反映事件，记录变化状态序列来间接地反映事件。

张山山(2001)认为这两种模型不能很好地表达各种变化类型。他认为基于事件的模型能很好地处理离散变化，但很难处理连续变化。于是，他提出将事物的连续变化定义为一个过程，该过程可用数学模型或其他方法描述，由此可以建立基于过程的时间模型。他认为存在两种时间概念模型：基于事件的时间概念模型和基于过程的时间概念模型。在现实世界中有许多地理现象，如洪水、森林火灾、土地城市化等的变化是连续的，不能用简单的事件和状态表达。我们将它的连续变化定义为一个过程，这个过程可能采用数学模型或其他方法来描述。

而笔者认为，基于事件的时间概念模型应该是基于过程的时间概念模型的特例，事件可以通过过程来描述，我们认为存在两种时间概念模型：基于时间的概念模型和基于过程的时间概念模型。

因此,结合前面提到的空间概念模型:基于域的空间概念模型和基于对象的空间概念模型,可形成4种时空概念模型:域过程时空概念模型、域时间时空概念模型、对象过程时空概念模型和对象时间时空概念模型。如表2-1所示。

表2-1　4种时空概念模型

	基于域的空间概念模型	基于对象的空间概念模型
基于过程的时间概念模型	域过程时空概念模型	对象过程时空概念模型
基于时间的时间概念模型	域时间时空概念模型	对象时间时空概念模型

§2.5　地理实体建模的三种成分

地理空间是由具有各种关系的地理实体组成的,地理实体是不断发生着各种变化的,地理实体具有空间特征、属性特征和时间特征,时空数据模型就应该是对地理实体的空间特征、属性特征和时间特征及其关系的完整描述。在此,分析地理实体的三种成分的基本语义,以便下文形成正确的、语义丰富的数据模型。

2.5.1　空间特征

地理实体存在于地理空间中,其位置、形状、大小等由空间特征表达,正是具有空间特征才产生了地理信息系统和其他信息系统的区别,空间特征是GIS系统描述的主要内容。

2.5.1.1　构成

空间特征对地理实体的空间部分进行描述,地理实体的状态通过位置、维数和几何对象进行描述。

1)位置

地理实体的定位是地理信息系统中的基本要求,其定位需要一个参考系统，参考系是描述对象的绝对位置或相对位置的一种方法，在二维或三维空间中参考系一般是笛卡尔坐标系或极坐标系。

2）维数

区分时空信息系统和非时空信息系统的一个标准就是“多维性（Multidimensionality）”，即系统支持的空间维数。N 维系统支持的空间对象的维数小于或等于 n 维，n 维通常指空间维。欧几里德空间的维数通过独立的参考轴的数量决定。数学上从坐标原点到某个位置的距离通过有序的 n 维元组（$a_1, a_1, \cdots, a_n$）表示，其中 a 是 n 个实数。通常 2DGIS 和 3DGIS 分别指支持二维和三维空间的地理信息系统。4DGIS 指支持三维空间和至少一个时间维的地理信息系统。但是目前大多的商业 GIS 软件仅支持二维空间，本书的目的是在二维空间中研究时间的集成和模拟。

3）几何对象

几何是空间的一个特性，是数学的一个分支，是处理现实世界对象的数量和形状的一门学科。地理空间中的对象包括人工对象和自然对象。人工对象主要指建筑物、道路、通信网络等，自然对象主要指河流、山脉等。这些对象在地理信息系统中都可被抽象表达为点、线、面和体，可以通过一组坐标表达。

2.5.1.2 空间关系

空间关系指地理空间实体之间存在的一些具有空间特性的关系（陈述彭，1999；王家耀，2001），对空间关系的描述多种多样，有定量的，也有定性的；有精确的，也有模糊的。各种空间关系的描述并非绝对独立，而是具有一定联系。空间关系的认识不仅与空间数据模型有着密切的联系，并且与人类对空间对象的感知、语言的表达和心理因素有着密切的联系。近年来，空间关系的理论与应用研究在国内外都非常多。究其原因，一方面，它为 GIS 数据库的有效建立、空间查询、空间分析、辅助决策等提供了最基本的关系;另一方面是将空间关系理论应用于地理信息系统查询语言,形成一个标准的 SQL 空间查询语言,可以通过 API(Application Program Interface,应用程序接口)进行空间特征的存储、提取、查询、更新等。

通常将空间关系分为 3 大类:空间拓扑关系(Topological Spatial Relations),用来描述空间实体之间的相邻、包含和相交等空间关系;顺序方向空间关系(Order Spatial Relations),用来描述空间实体之间在空间上的排列次序,如实体之间的前后、左右和东、南、西、北等方位关系;度量空间关系(Metric Spatial Relationship),用来描述空间实体之间的距离关系。如图 2-6 所示。

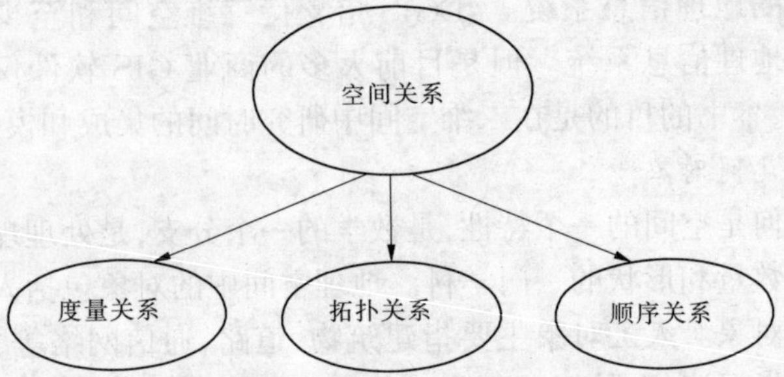

图 2-6　空间关系的基本类型

1)拓扑空间关系(Topological Spatial Relations)

拓扑空间关系在地理信息系统和空间数据库的研究与应用中具有十分重要的意义。拓扑空间关系的形式化描述是建立在点集拓扑理论基础之上的。

空间拓扑是空间分析的有力工具,也是 GIS 区别于其他信息系统的特征,GIS 中许多空间查询和空间分析功能主要依赖于地理实体空间特性的表示,特别是拓扑关系的有效存储和表示。GIS 利用了拓扑学的两个主要分支:点集(Point-set)拓扑理论和代数拓扑理论两种方法来表达空间拓扑关系。后面将详细讨论拓扑空间关系的描述和表达。

2)顺序方向空间关系(Order Spatial Relations)

与拓扑空间关系相比,顺序方向空间关系的研究目前尚不尽如人意。我们常用上下左右、前后左右、东南西北等方向性名词来描述空间实体间的顺序关系。同拓扑空间关系的形式化描述类似,也可以按面—面、面—点、面—线、线—线、线—点、点—点等多种组合方式来考虑不同类型的空间实体之间的顺序空间关系。

3)度量空间关系(Metric Spatial Relationship)

主要指空间对象之间的距离关系。这种距离关系既可以定量地描述为特定空间中的某种距离,如A实体距离B实体200 m,也可以用与距离概念相关的术语,如远近等进行定性的描述。

2.5.2 时间特征

时间特征表达地理实体随时间变化的特性。我们通过对时间的描述来表达变化,因此有必要澄清时间的有关概念。

2.5.2.1 时间结构

时间结构有助于时间模型的建立。在时态建模领域根据时间发生的结果的去向,存在3种类型的时间:线性时间、分支时间和循环时间(Snodgrass,1995;Worboys,1995)(如图2-7所示)。

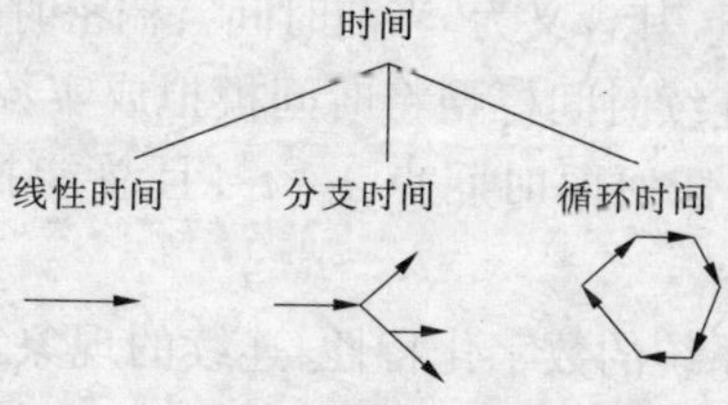

图2-7 时间结构

在线性结构中,时间从过去开始按顺序发展到未来。在分支结构中,时间以线性开始到未来可能分成几个方向。线性结构中,时间从过去、现在到将来是线性递增增加的，这种结构是一种全序集（Totally ordered set）。分支模型有两种情况，一是时间从过去、现在是线性递增的，从现在到将来有许多可能。二是时间从过去到现在有许多可能，而从现在到将来的变化是单调递增的，它们都是偏序集。在线性和分支结构中，老对象和新对象不会重复，而在周期结构中，对象在一个周期内将返回为原来的状态。

在基于事件的时态逻辑推理中常同时考虑3种时间模型，但在应用中尤其在GIS数据建模过程中，一般将时间模拟成线轴（一维几何空间）（Al-Taha，1992），将地理空间模拟成三维几何空间。通常，地理实体在地理空间中可具有3个不同的伸展方向，而其状态变化则从过去经过现在向着未来呈单方向发展。一般而言，在空间信息系统中，空间对象的变化一般是从过去某一时间开始按照顺序发展，因此采取线性时间结构是比较合适的。例如在土地管理中的地籍管理中，土地产权的变更是按照从过去、现在到未来进行的。

2.5.2.2 连续时间、稠密时间和离散时间

一维线轴几何时间模型可以转化为3种代数时间模型：连续时间、稠密时间和离散时间模型（Snodgrass，1995）。离散时间模型将时间模拟成非负整数的集合，即 $T=\{0,1,2\cdots,\mathrm{Now}\}$，Now是可以改变的常量，其含义为"当前时间"，稠密时间将时间模拟成有理数的集合。连续时间模型将时间模拟成实数的集合，在连续时间模型里，对于任何两时间点 t_1、t_2，且总能找到第三时间点 t_3，使 $t_1<t_3<t_2$。

由于计算机系统的数字化特性，连续的现象常采用离散的方式处理，因此在GIS中一般采用离散时间模型。尤其在城市土地管理中，土地产权的转移、土地用途的变化都不是连续变化，因此采用离散时间模型。

2.5.2.3 时间基元与时间粒度

人们很难想象无任何时间长度的理想的时间点。尤其在数据建模中，时间点是一种大时间单位下的时间抽象，而在细微或最基本的时间尺度下，时间点化为时间区间单元。我们认为时间轴上的最小可区分区间单元为时间基元(Chronon)，时间基元具有一定的长度，且不可再分割(Richard T.Snodgrass, James Clifford, 1995)。

时间粒度(Granularity of Time)又称为时间单位或时间分辨率，它是一将连续的时间基元构成时间颗粒的函数。时间粒度将时间线轴分割为有限的等大小时间颗粒集合。粗粒度时间向细粒度时间转化称为时间细化(Specialization)，存在一定的不确定性，如基于月粒度下的时间点"2001 年 10 月"转化为基于日粒度下的时间"2001 年 10 月 1 日到 2001 年 10 月 31 日中的某一天"，这里的某一天就意味着一定的不确定性。为了消除这种不确定性，给予时间点的从属概率或事先设定转化方案是两种推荐的解决方法。细粒度时间向粗粒度时间转化称为时间粗化(Generalization)，粗化的结果是确定的，如"2001 年 10 月 16 日"转化为"2001 年 10 月"。不同的应用对时间粒度的要求不一样，这就是 2.3 节中 Al-Taha(1992)指出的对时间的理解不同，例如对地球地壳变化的研究可能以"万年"为单位，而对原子核裂变可能以"秒"为单位，因此在具体的应用中，我们应根据实际的需求选用不同的时间粒度。在土地信息系统中的城镇地籍管理中有效时间一般选择"天"作为时间粒度，如土地登记发证时间以"年/月/日"为时间记录格式，因为土地产权转移以"天"为单位已经能够满足地籍管理的需要，而对事务时间则可以精确到"秒"。

因此，在系统设计时，根据实际的情况选择合适的时间粒度，是表达时态的重要因素之一。

2.5.2.4 时间表达

时间一般采用时间点(Time instant)、时间间隔(Time interval)和时间范围(Time span)来表示。时间点是单一的值,常用某一时刻表达,如某地块分割的时间为1998年9月9日即时间点。时间间隔反映了事件持续的时间或对象的生命,常用一个起始时间点和终止时间点来表示,如某权利人对某地块的使用权起止时间为2000年5月26日到2070年5月26日。时间范围就是没有起始时间点和终止时间点的时间长度,如某权利人对某地块的使用权期限为70年。时间范围可正可负,如一周前或一周后。

2.5.2.5 时间类型

时间可被划分为绝对时间(Absolute Time)和相对时间(Relative Time),绝对时间用相对于时间起始点的距离表示,而相对时间用两时间点的时间间隔表示。如"2001年10月16日"是绝对时间,"3个月"是相对时间。在城镇地籍管理中宗地的登记发证时间就是绝对时间,而土地的使用期限则为相对时间。

2.5.2.6 日历系统与日历格

任意一种周期性变化的物质运动都可以作为计量时间的标准。计量精度、应用方便、应用领域里事件发生的频率共同决定了时间粒度体系(时间单位体系)的选择。日历系统(Calendar Systems)就是人们熟悉的一种时间粒度体系。如阳历、阴历、天文历等,如阳历与地球围绕太阳旋转的周期相关,阴历与月亮围绕地球旋转的周期相关。在DBMS中,一般选择阳历作为日历系统,时间粒度用秒、分钟、小时、天、周、月等。Bagg和Ryan(1996)提出在TGIS中采用用户定义日历系统,因此通用TGIS应该提供多种日历系统以及多种日历系统之间相互转换的功能。

2.5.2.7 不确定性

时间信息的不确定性指对于某一时间知道它已经发生但不知

道它发生的确切时间。不确定性存在于所有系统中。在时间数据库中,时间的不确定性是指“不知道什么时候”。这种不确定性来源于四个方面:

(1)过细的时间粒度。在大多数情况下,数据库时间粒度与计算事件发生的时间粒度不吻合。例如,数据库中定义的时间粒度为秒,而实际事件的粒度是以天来计算的,这就导致了实际发生的时间在数据库中表达的不确定性。

(2)计时的不精确性。即使数据库的时间粒度和实际事件发生的时间粒度相一致,但大多数计时设备是不精确的。

(3)预测的不精确性。绝大多数系统的预测时间是不精确的。

(4)事件时间的不确定性。有时实际事件发生的时间是不确定的,如一个人的出生日期等。

时间的不确定性导致了时间数据库模型的复杂性,在目前的应用系统中,不确定时间模型仍很少见。

2.5.3 属性特征

属性特征表达了地理实体具体的领域语义,没有属性特征,地理实体在 GIS 中的表达则是没有意义的几何图形,无法描述地理空间中纷繁复杂的地理现象。例如同样是一个点状几何图形,具有不同的属性则表达不同的语义。在电力 GIS 中它可能表达一个变电站,在 LIS 中它可能表示一个界址点,在其他系统它可能表达一个城市等。

地理实体的属性特征也是不断发生变化的,例如 LIS 中,宗地的使用者会随着土地交易发生变化,宗地的用途会随着规划的改变而发生变化。因此,在时空数据模型中必须能够表达地理实体的属性特征及其变化。

§2.6 时空数据库概念

2.6.1 有效时间、事务时间与用户定义时间

与空间维不同的是时间是多维的。时间维是同事件的发生相关的:如事件发生的时间、观测的时间、入库的时间等,在地块的产权转移过程中申请登记的时间 T_1、发证的时间 T_2、入库的时间 T_3 等。时间的维数由特定应用的用户决定,对时间维数的选择在时空数据模型设计中相当重要,采用过多的时间维数必然增加系统的复杂性,降低系统的性能;若采用过少的维数又可能难以满足实际的需求。通常地,两种时间必须考虑:有效时间和事务时间。

有效时间(Valid Time)为地理实体(状态)在客观现实世界存在的时间,又称为世界时间(World Time)或事件时间(Event time),例如地籍管理中某宗地的发证时间为2000年5月26日。事务时间(Transaction Time)为地理对象(状态)在数据库存储的时间,又称为数据库时间(Database Time),如发证时间为1999年5月26日的宗地于1999年5月30日10:00入地籍数据库,其中1999年5月30日10:00为事务时间。用户定义时间(User-defined Time)等同于一般属性特征项,其具体含义由用户确定。

在TGIS中,我们一般比较关注有效时间,而事务时间主要记录变化在数据库中发生的时间,可根据系统需求及对系统复杂程度的承受程度酌情考虑。

2.6.2 当前时间、改变时间、起始时间、终止时间与永远时间

当前有效时间指客观现实世界中的现状时间,记为"NOW"。当前数据库时间表示为状态改变时间,记为"UC(Until Changed)"。起始时间Beginning为时间对象的开始时间单元,终

止时间 Ending 为时间对象的结束时间单元,永远时间 Forever 代表时间线轴的结束时间单元。

2.6.3 历史数据库、回滚数据库、双时间数据库与时态数据库

基于有效时间和事务时间两种时间维,数据库可被分为历史数据库、回滚数据库、双时间数据库与时态数据库。

记录地理实体在现实世界中存在的历史状况,以有效时间标记实体状态,这种保存地理实体历史变化的数据库称为历史数据库(Historical Database)。记录数据库活动情况(数据操作的各个状态),以事务时间标记对象状态的数据库称为回滚数据库(Rollback Database)。回滚数据库在数据库崩溃时的恢复过程中常常具有日志文件的作用。同时记录数据有效时间和事务时间,同时存储数据历史变化和数据库操作状态的数据库称为双时间数据库(Bi-Temporal Database)。通常我们简单地将涉及时变数据管理的数据库系统称为时态数据库(Temporal Database)。表 2-2 表示了时间数据库的分类及其对不同时间类型的支持情况。

表 2-2 时间数据库的分类

	有效时间	事务时间
历史数据库	支持	不支持
回滚数据库	不支持	支持
双时间数据库	支持	支持

2.6.4 字段时间标记、元组时间标记与关系时间标记

字段时间标记、元组时间标记、关系时间标记是关系数据库中存储时态数据的几种方法,代表着几种经典的时态关系数据模型。字段时间标记(Field-timestamped)时态关系数据模型将有效时间

标记在属性时间字段值上，它打破了规范关系模式的要求，需要发展支持时变字段语义的扩展关系数据库理论和技术。附有时间标记的字段称为时态属性字段，它取非原子值（时变字段值集合）。

元组时间标记（Tuple-timestamped）时态关系数据模型将有效时间标记在元组值上，需要发展支持时变元组语义的扩展关系数据库理论和技术。附有时间标记的元组称为时态元组，元组中具有一个特殊语义字段——有效时间字段。

关系时间标记（Relation-timestamped）时态关系数据模型将有效时间标记在关系表上，可以借助常规数据库管理技术实现。

值得注意的是，有效时间字段的显式或隐式表达、不变数据冗余存储、全局状态的快速存取是时态关系数据建模必须慎重考虑的问题。

2.6.5 空间数据时间标记

空间数据库时间标记、地理实体时间标记与空间单元时间标记是空间数据有效时间标记的 3 个层次（或 3 种粒度对象）（舒红，1995）。

空间数据库时间标记（Spatial Database-timestamped）在空间数据采集入库时，给予统一有效时间标记。地理实体时间标记（Geographic Entity-timestamped）在地理实体的整个状态上标记其有效期（或称状态维持期、状态稳定期）。空间单元时间标记（Spatial Component-timestamped）将空间单元数据值上赋上其有效时间。空间数据库由若干地理实体（点、线、面状地理实体）构成，地理实体由若干空间单元构成。根据矢量或栅格等不同形式的数据结构，空间单元可以是矢量形式的坐标点、节点、弧段等或是栅格形式的格网单元等。因此，空间单元时间标记则可分为：坐标点时间标记、节点时间标记、弧段时间标记或格网单元时间标记。

§2.7 空间关系、时间关系与时空关系的描述和表达

地理实体在地理空间中存在着空间关系、时间关系和时空关系，空间关系是空间分析的基础，时间关系是时态分析的基础，时空关系是时空分析的基础。对地理实体建模必须能够正确地表达这种关系。过去许多专家学者曾对时间关系、空间关系和时空数据的表达进行过深入的探讨。主要集中在：人工智能领域对空间变化的表达提供了数学基础(Vieu, 1997)，在数据库领域主要是开发数据库系统和查询语言对时空对象进行描述和管理(Wu et al., 1997)，在GIS领域通过对空间数据模型扩展时态功能表达时空对象(Langran, 1992; Cheylan 和 Lardon, 1993; Peuquet, 1994; Frank, 1994; Worboys, 1994; Claramunt 和 Thériault, 1995、1996)。但是，关于时空关系的模拟和表达却很少，时空关系的模拟和表达是进行时空分析的基础，在此，结合 Claramunt Christophe 和 Jiang Bin(2000)的论述进行探讨。

2.7.1 空间关系的描述和表达

空间关系分为拓扑关系、方向关系和度量关系。其中拓扑关系是最重要的一种空间关系，在此我们主要讨论拓扑空间关系的描述和表达。

假设地理空间中存在两个简单实体 r_1 和 r_2，r°表示空间实体 r 的内部，∂r 表示空间实体 r 的边界，依据点集拓扑理论，Egenhofer(1993)构造出一个由边界、内部在二维空间中存在的以下8类基本空间关系：equal, touch, in, contain, cover, covered, overlap, disjoint (Clementini et al., 1993)，如表2-3所示。

表 2-3　二维空间中面状实体的空间关系

r_1 equal r_2	$\Leftrightarrow (r^\circ_1 \cap r^\circ_2 = r^\circ_1 \cup r^\circ_2) \wedge (\partial r_1 \cap \partial r_2 = \partial r_1 \cup \partial r_2)$	
r_1 touch r_2	$\Leftrightarrow (r^\circ_1 \cap r^\circ_2 = \varnothing) \wedge (\partial r_1 \cap \partial r_2 \neq \varnothing)$	
r_1 in/contain r_2	$\Leftrightarrow (r_1 \cap r_2 = r_1) \wedge (\partial r_1 \cap \partial r_2 = \varnothing)$	
r_1 covered/cover r_2	$\Leftrightarrow (r_1 \cap r_2 = r_1) \wedge (r_1 \neq r_2) \wedge (\partial r_1 \cap \partial r_2 \neq \varnothing)$	
r_1 overlap r_2	$\Leftrightarrow (r_1 \cap r_2 \neq r_1) \wedge (r_1 \cap r_2 \neq r_2) \wedge (r^\circ_1 \cap r^\circ_2 \neq \varnothing)$	
r_1 disjoint r_2	$\Leftrightarrow r_1 \cap r_2 = \varnothing$	

2.7.2　时态关系的描述和表达

时态操作即时态关系，时态关系可分为时态拓扑关系和时间方向关系（舒红，1997），时态关系为地理事件间的关系。时态操作类似于空间关系，它可以用度量、拓扑和顺序理论来定义，如“两个小时”是一个度量关系，“一小时后”是一个拓扑时态关系，“一个月中的四个星期”是顺序关系（Worboys，1995）。在现实中，时空对象在 T_s 时刻开始它的生命周期，经过一段时间到 T_e 时刻消亡。在它的生命期中，它会发生某些活动，例如空间上的移动、形状或大小的变化、属性的变化等。

我们假设时间是连续的，T 是可量测的时间集合，相当于实数集合，I 是时间间隔集合，i 是集合 I 中的一个具体的时间间隔，

$i=[t_1, t_2]$，其中 t_1、t_2 属于 T 并且 $t_1 < t_2$。按照 Allen 的定义，时间间隔之间具有唯一的操作符{equals，before，meets，overlaps，during，starts，finishes}，和其反向操作{after，met，overlapped，contain，started，finished}一一对应，其中没有对应 equals 的操作，因为 equals 为对称操作。时态关系如图 2-8 所示。

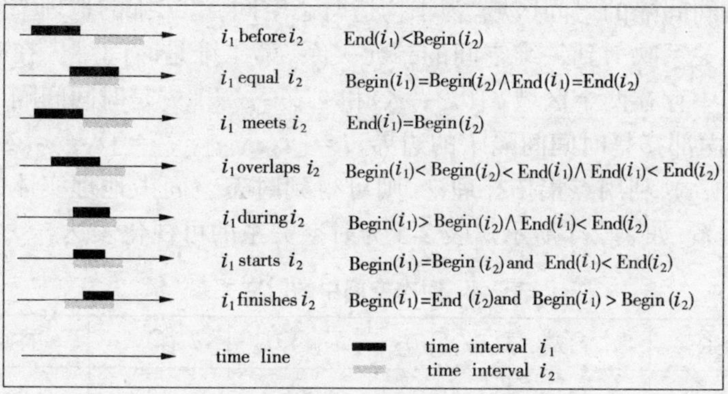

图 2-8　时态关系

2.7.3　时空关系的描述和表达

时空关系的统一表达是时空分析的基础，但是时间与空间关系的统一表达从认知和形式化的观点来看不是一个直接的结果，其主要困难在于在空间中如何表达和感知时间以及如何用时间来形式化空间。空间和时态的观点仅在空间或时间维下分别表达了它们之间的关系，单独进行时态关系和空间关系的表达比较简单，但是如何在统一考虑时间和空间的情况下表达时空关系需要研究。

通过对时间和空间概念的分析，我们知道，首先，在时空参考系中空间关系只有在空间实体的生命周期相交的情况下才有意义；其次，在面向时态的观点下时态关系不影响空间实体的空间关系，在时空参考系中，地理实体之间的时空关系是一种什么样的情况，如何表达和模拟对地理实体时空变化的模拟具有很重要的意义。Claramunt Christophe（2000）引入了时态空间（Temporal Space）的概念，对时空关系的表达和描述进行了研究。时态空间就是时间维和空间维的联合，时态空间中的地理实体就是具有有效时间间隔的空间区域，为了构造时态空间，将二维的地理空间的二元关系映射到一维空间的二元关系，第二维是时间维。在时态空间中存在两个区域 $e_1(r_1, i_1)$ 和 $e_2(r_2, i_2)$，i° 是时间间隔区间 i 的内部，∂ 是时间间隔 I 的边界，$i = [t_1, t_2]$，$i^\circ =]t_1, t_2[$，$\partial_i = (t_1, t_2)$，利用点集拓扑理论，则可得到时态空间中地理实体的时空关系，如表 2-4 所示。表 2-5 为时空关系的可视化表达。

表 2-4　时态空间中的时空关系

SR	$i^\circ_1 \cap i^\circ_2$	$\partial i_1 \cap \partial i_2$	$i^\circ_1 \cap \partial i_2$	$\partial i_1 \cap i^\circ_2$	TSR
any	∅	∅	∅	∅	DISJ
− disjoint	∅	−∅	∅	∅	TOUCH
disjoint	any	any	any	any	DISJ
touch	−∅	any	any	any	TOUCH
in	−∅	−∅	∅	any	CVRD
	−∅	any	−∅	any	OVLP
	−∅	∅	∅	−∅	IN
contain	−∅	−∅	any	∅	CVR
	−∅	any	any	−∅	OVLP
	−∅	∅	−∅	∅	CON
cover	−∅	any	any	∅	CVR
	−∅	any	∅	−∅	OVLP

续表 2-4

SR	$i^\circ_1 \cap i^\circ_2$	$\partial i_1 \cap \partial i_2$	$i^\circ_1 \cap \partial i_2$	$\partial i_1 \cap i^\circ_2$	TSR
covered	$-\emptyset$	any	$\emptyset$	any	CVRD
	$-\emptyset$	$\emptyset$	$-\emptyset$	any	OVLP
overlap	$-\emptyset$	any	any	any	OVLP
equal	$-\emptyset$	$-\emptyset$	$\emptyset$	$\emptyset$	EQUAL
	$-\emptyset$	$\emptyset$	$-\emptyset$	$-\emptyset$	OVLP
	$-\emptyset$	any	$\emptyset$	$-\emptyset$	CVRD
	$-\emptyset$	any	$-\emptyset$	$\emptyset$	CVR

表 2-5 时空关系的可视化表达

TR / SR	equals	before/ after	meets/ met	overlaps/ overlapped	during/ contain	starts/ started	finishes/ finishbed
equals	EQUAL	DISJ	TOUCH	OVLP	CVRD/CVR	CVRD/CVR	CVRD/CVR
touch	TOUCH	DISJ	TOUCH	TOUCH	TOUCH	TOUCH	TOUCH
in	CVRD	DISJ	TOUCH	OVIP	IN/OVLP	CVRD/OVLP	CVRD/OVLP
contain	CVR	DISJ	TOUCH	OVLP	OVLP/CON	OVLP/CVR	OVLP/CVR
cover	CVR	DISJ	TOUCH	OVLP	OVLP/CVR	OVLP/CVR	OVLP/CVR
covered	CVRD	DISJ	TOUCH	OVLP	CVRD/OVLP	CVRD/OVLP	CVRD/OVLP
overlap	OVLP	DISJ	TOUCH	OVLP	OVIP	OVIP	OVIP
disjoint	DISJ	DISJ	DISJ	DISJ	DISJ	DISJ	DISJ

在表 2-4、表 2-5 中 TR 表示时态关系，SR 表示空间关系，TSR 表示时空关系，则在时态空间中存在 8 种时空关系：equals， touch, in, contain, cover, covered, overlap, disjoint。其中EQUAL等于 equals, TOUCH 等于 touch, IN 等于 in, CON 等于 contain, CVR 等于 cover, CVRD 等于 covered, OVLP 等于 overlap, DISJ 等于 disjoint。TSR 关系限制了时态空间的语义表达,在时态空间中区域的"相交(intersect)"意味着它们在空间上和时间上都相交,否则为"相离(DISJoint)"。

§2.8 本章小结

时空建模的首要问题是时间和空间语义建模,本章在阐述了时空建模的3个层次之后,重点分析了时间和空间的语义以及地理实体3个基本特征的语义,为时空建模形成了概念基础。本章的主要内容和结论如下:

(1)首先结合计算机技术指出时空数据模型的建立也可分为3个层次:时空概念模型、时空逻辑模型和时空物理数据模型。TGIS对现实世界的抽象经历了3个不同的层次:外部层次、概念层次和内部层次。

(2)分析了空间、时间的基本语义,并分析了时间和空间概念的异同,形成了GIS中的时空观:地理实体的时间特征由其空间特征变化和属性特征变化来共同表现,即时间语义由改变空间状态或属性状态的地理事件系列来表现。发展了两种时间概念模型:基于过程的时间概念模型和基于时间的概念模型,结合两种空间概念模型:基于域的空间概念模型和基于对象的空间概念模型,指出存在的4种时空概念模型:域过程时空概念模型、域时间时空概念模型、对象过程时空概念模型和对象时间时空概念模型。

(3)深入分析了地理实体的3个基本特征:空间特征、时间特征和属性特征,指出正确的时空数据模型必须能够正确地描述这3个部分,为形成正确的时空数据模型打下基础。

（4）简要介绍了时空数据库的相关概念，对空间关系、时态关系和时空关系的表达进行了分析，指出地理实体之间存在8类基本空间关系、7种基本时态关系和8种时空关系，为时空数据模型的设计提供了概念基础。

第3章　面向对象的时空属性概念模型

时空概念模型是时空建模的第一步，对于时空概念建模主要有两种方法：实体-关系方法和面向对象的方法。面向对象方法由于接近于人类认识事物的方法以及面向对象的程序设计等优势而被人们所青睐。本章首先对已有时空数据模型进行了分类和分析，然后指出利用面向对象技术建立时空数据模型的优越性，最后以面向对象的方法对地理世界进行分析，将地理实体抽象为时空属性对象(Spatial-Temporal-Attribute-Object，STAO)，并采用面向对象建模的图示语言 UML 表达它们之间的关系，形成了一个通用、全面的、语义丰富的时空概念模型来指导 TGIS 的实践。

§3.1　时空数据模型的分类

3.1.1　时间和空间的集成

时空数据模型不像空间数据模型和时间数据模型成熟。从 GIS 的观点来看，时空数据模型的实现就是在 GIS 中集成时间，就是时间和空间的集成问题。第 2 章已经对时间、空间的语义进行了分析，在 GIS 中对时间的建模主要有两种方法：基于过程的建模(Process modeling)和基于时间的建模(Time modeling)(Langran，1992)。其中：基于过程的建模可通过基于事件的方法(Event-based approach)和基于时间或触发的方法(Time or trigger-based approach)来表达时间。基于事件的方法又可称为基于变化的方法，事件或变化是导致时空变化的根本原因。基于时间的方法中变化的原因不是事件而是时间，当经过某一段时间后会导致另一个过程(Process)产生。在基于时间的建模中仅考虑时间的变化，在这种模型中认为时间均匀地流淌，不受其他任何事物的影响。这时实际上时间可被看做一个参数，每隔一定的时间，便记录和保存一次地理空间的状态。

TGIS中时间和空间的集成主要有两种方法：把时间作为属性和把时间作为新的一维。第一种方法中把时间作为空间实体的一个属性，而不是建模的结构化部分。每一次空间变化或非空间变化生成一个新的元组(关系结构)，这种方法为GIS中时态问题的解决提供了一个快速简便的方法。这种方式以关系数据模型为实现基础。由于传统关系模型丰富的语义、较完善的理论和许多高效灵活的实现机制，使人们最初开始尝试在传统空间关系模型中加入时间维，扩充关系模型、关系代数集查询语言，模拟处理时态数据，增强存储管理功能，实现时空数据存取的高效索引技术，从而直接或间接地基于关系模型支持时空数据的存储、表示和处理。在关系数据库中存储时态数据的方法主要有：字段时间标记、元组时间标记和关系时间标记。相应地在空间数据库中时态数据存储的方法有：空间数据库时间标记、地理实体时间标记与空间单元时间标记。第二种方法将时间等同于空间的独立的一维来处理，更好地模拟了地理时空。由于高维的拓扑矢量GIS允许时空连接操作和拓扑查询，使得这种模型克服了地理关系模型的限制，减少了数据冗余。但这种方法也存在缺点(曹志月，2002)：①要获得高维对象构建的有效算法还有根本困难；②空间数据和非空间数据的变化还必须分别处理；③时间和空间在性质上和潜在查询的参考基础上有重大不同，这有可能造成在GIS应用中高维表达的语义不正确；④不可能利用现有的GIS和DBMS支持高维对象。

维和属性是两个不同的概念。维具有方向性，而属性仅具有量的概念。时间在本质上不仅具有量的概念，而且具有方向性，即从过去到现在或从现在到未来。第二种方法将时间看做空间实体的结构化部分，即把时间 t 看做等同于空间维的时间轴，时间和空间构成时空连续体，任何地理实体都存在于时空连续体中。

3.1.2 时空数据模型的分类

时空对象的建模分为概念模型、逻辑数据模型和物理数据模型。所谓时空数据模型是在时间、空间和属性语义方面更加完整地模拟客观地理世界的数据模型。数据模型描述了地理实体与地理实体之间的关系。自从 Gail Langran 提出时态地理信息系统概念以来，时空数据模型的研究一直是 TGIS 领域的研究热点，GIS 界及计算机专家为解决时空数据的表达和模拟问题提出了不同的数据模型。主要有时空立方体模型、快照模型、时空复合模型、基态修正模型、三域模型、基于事件的模型等，这些模型或者扩展了现有 GIS 的空间数据模型，或者提出了新的时空模型。

时空数据模型的关键问题是时间和空间集成的问题，按照模型对时间和空间的表达方式，可以将时空数据模型分为基于空间的时空数据模型、基于时间的时空数据模型和时空一体化数据模型以及时空属性集成 4 种类型(李小娟，1999)。基于空间的时空数据模型是由一系列不同时刻的空间数据模型所组成的模型序列，这类模型的典型代表是快照模型(Snapshot Model)。基于时间的时空数据模型是在线性时态模型基础上，记录地理现象在空间上的变化。时空一体化模型将时间和空间统一于实体或实体的空间坐标点中，代表模型主要有时空复合模型和 3D/4D 模型。时空属性集成模型是统一地考虑时间、空间和属性 3 个组成要素的数据模型，这是一种真正的时空数据模型，它更加完整地表达了地理实体的各种语义及其关系。

按照时间和空间集成的方法，这些数据模型可以分为关系时空数据模型和面向对象的时空数据模型。关系时空数据模型主要采用关系数据库的理论对时间和空间进行集成,这种方法主要扩展了现有 GIS 的空间数据模型。对空间数据库的扩充归根结底是时间在空间数据库中的标记问题,在空间数据库中时态数据存储的方法有:空间数据库时间标记、地理实体时间标记与空间单元时间标记。面向对象时空数据模型(又称为时空对象数据模型)就是利用面向对象技术对地理世界中的地理实体进行抽象,形成的时空数据模型。可分为对象关系模型和纯对象模型。对象关系模型对客观地理世界进行两次抽象:普遍特征和规律关系(关系数据库之"关系")抽象、地理应用领域时空特征和时空规律的对象模型抽象。纯对象时空数据模型通过面向对象技术实现若干时空数据类型及时空操作(又称时空对象类型和时空对象操作),它是一种前后端统一对象技术的时空数据模型,具有丰富的时空语义和高效实现技术。由于纯面向对象的数据库尚未出现,目前多采用对象关系模型实现时空数据的管理。

同样是采用面向对象的方法来构建时空数据模型,由于其对地理实体的 3 个基本特征的认识不同,可分别归入时空一体化数据模型和时空属性集成数据模型,如 Worboys(1992a)没有考虑地理实体的属性特征,而 Ale Raza(1999)则考虑了地理实体的属性特征。

本章的目的主要是采用面向对象的方法,采用时间维的概念,从概念层次对地理空间进行表达,以期形成一个统一表达地理实体的空间、属性和时间特征的时空属性集成模型。

§3.2 已有时空数据模型的分析与评价

通过回顾过去的时空数据模型的研究,来了解时空数据建模中存在的问题,从而对时空建模形成正确的认识,以助于正确时空模型的建立。

3.2.1 基于空间的时空数据模型

基于空间的时空数据模型是由一系列不同时刻的空间数据模型所组成的模型序列。这类模型的典型代表是快照模型(Snapshot Model)。

这是一种最简单的处理时态信息的数据模型。有矢量快照模型和栅格快照模型两类。如图 3-1 所示为矢量快照模型和栅格快照模型的示意图。快照模型基本思路是在固定的时刻或当地理实体发生变化时,或者是每隔一定的时间,将整个空间数据库进行存储。

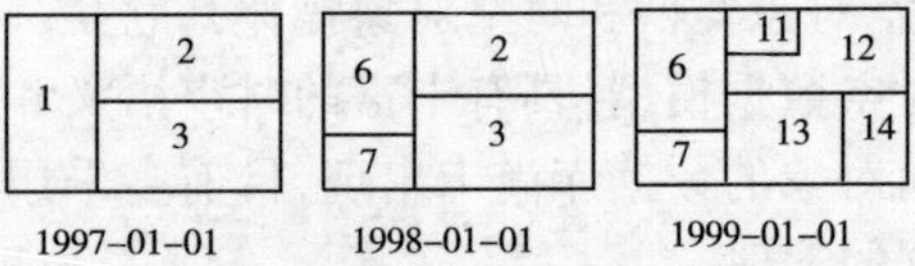

(a)地籍变更矢量快照模型

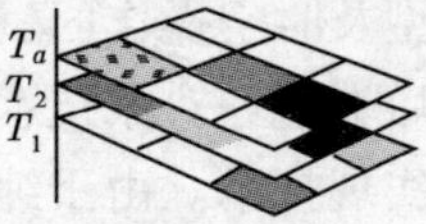

(b)栅格快照模型
(Amsttrong,1998)

图 3-1 快照模型示意图

这种模型的好处就是它可以直接在当前的 GIS 软件中实现,另一个优点就是当前的数据库总是处于有效状态。缺点主要是:

(1)存在很大的数据冗余。由于新的快照将未发生变化的特征重复进行存储,会产生大量的数据冗余。对象地籍信息变化这样频繁,且数据量大,采用该模型将极大地降低系统的效率。

(2)不能确定两个时间间隔中对象的状态。因为没有明确地记录发生的变化,难以判断两张快照之间发生的变化,所能描述变化的分辨率只能与采样间隔一样。

(3)不能建立相邻时间段中对象的时态关系。这种变化记录方式,不能实现对单个地理实体之间时态关系的确定。

3.2.2 基于时间的时空数据模型

基于时间的时空数据模型是在线性时态模型基础上，记录地理现象在空间上的变化。这类模型的代表是基态修正模型（Update Model）（见图 3-2（a）、（b））。

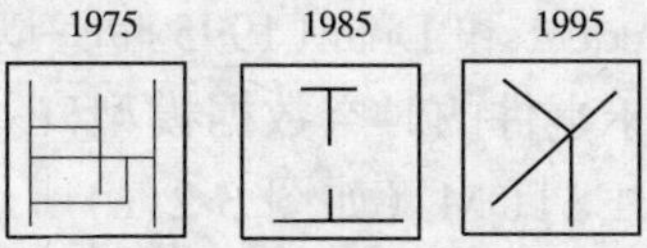

(a)矢量基态修正

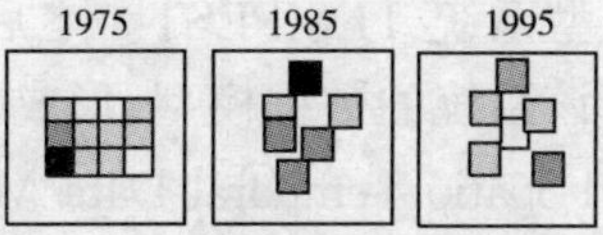

(b)栅格基态修正

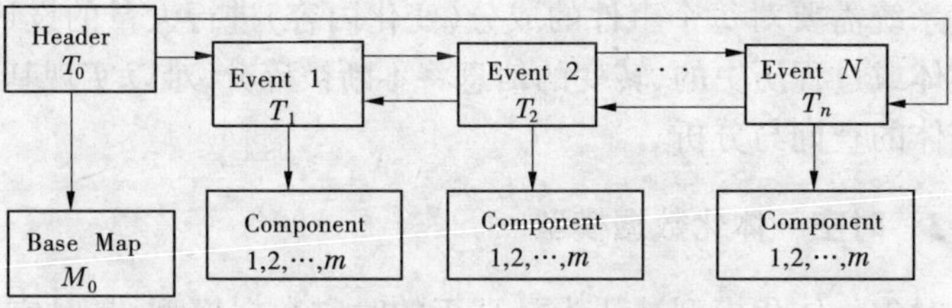

(c)基于事件的时空数据模型(Peuquet,et al,1995)

图 3-2 基于时间的时空数据模型

为了避免连续快照模型将每个未发生变化的部分的快照特征重复进行记录存储，基态修正模型按一定的时间间隔采样，只存储某个时间的数据状态（基态）和相对于基态的变化量。基态修正模型的每个对象只需存储一次，每变化一次只有较少的数据需要记录；同时，只有在事件发生或对象发生变化时才存入系统中，时态分辨率刻度值与事件发生的时刻完全对应。它具有少的数据冗余，对它辅以一定的索引机制或其他时空分析办法，它将是一种较理想的时空数据模型。Hunter、Williamson（1990）和 Langran（1990）分别用矢量修正模型进行了地籍管理和海岸线变化的时态研究。基态修正模型存储基态图和后续发生的变化,因此也称基于事件的模型(如图3-2(a)和图3-2(b)所示)。该模型的主要优点是检索目标变化(事件)比较容易,缺陷是实体被一系列事件碎分,对实体的状态查询和发展历程查询比较困难,需要进行复杂的计算;空间拓扑随时间变化的信息难以存储(Hazelton,1992)。

Peuquet 和 Wentz(1994)利用栅格基态修正模型设计了 TGIS 的原型系统 TEMPEST。之后,Peuquet 和 Duan(1995)进一步发展了该系统的数据模型,形成了基于事件的时空数据模型(Event-based Spatio-Temporal Data Model,ESTDM)(如图 3-2(c)所示)。ESTDM 能反映特定位置上的变化,能支持如在某一特定的时间发生了哪些变化(最终结果)、变化的分布等类型的时空查询。缺陷是系统需要对每个事件的成分(变化内容)进行大量的设计;一个实体或过程历史的、转变的信息将不断被碎分,难以实现基于空间实体的查询与分析。

3.2.3 时空一体化数据模型

时空一体化模型被认为是真正的时空数据模型,是时空数据模型发展的趋势,它将时间和空间统一于实体或实体的空间坐标点中。代表模型主要有时空立方体模型(Space-Time Cube Model)、时空复合模型(Space-Time Composite Model)、3D/4D 数据模型和面向对象的时空数据模型(Object-oriented Model,Worboys,1992a)。

3.2.3.1 时空立方体模型

时空立方体模型将时间看做独立于空间的一维时间轴,用二维图形沿时间第三维发展变化的过程表达现实世界平面位置随时间的演变;给定一个时间位置值就可从三维立方体中获得相应的截面,它表示了二维空间随时间维发展的过程。从这个立方体中获取信息必须从世界时空立方体中引用点、跟踪线、截取面,或切出一个小立方体。这种数据模型适合描述单个地理实体的时空变化，但是现实世界是由大量地理实体组成的，因此系统需要存储大量的数据，难以重建某一时刻现实世界的拓扑关系。这种方法难以在现有 GIS 软件基础上扩展时态功能。

3.2.3.2　时空复合模型

时空复合模型（见图 3-3）是在一个数据层中表达空间上同质、时态上一致的时空几何目标体，将空间分割成具有相同时空过程的最大的公共时空单元，每次时空对象的变化都将在整个空间内产生一个新的对象。对象把在整个空间内的变化部分作为它的空间属性，变化部分的历史作为它的时态属性。时空单元中的时空过程可用关系表来表达，若时空单元分裂时，用新增的元组来反映新增的空间单元，时空过程每变化一次，采用关系表中新增一列的时间段来表达，从而达到用静态的属性表表达动态的时空变化过程的目的；这种方法数据冗余少但在数据库中频繁地修改对象标识符较复杂，涉及的关系链的层次较多，必须对标识符逐一进行回退修改。

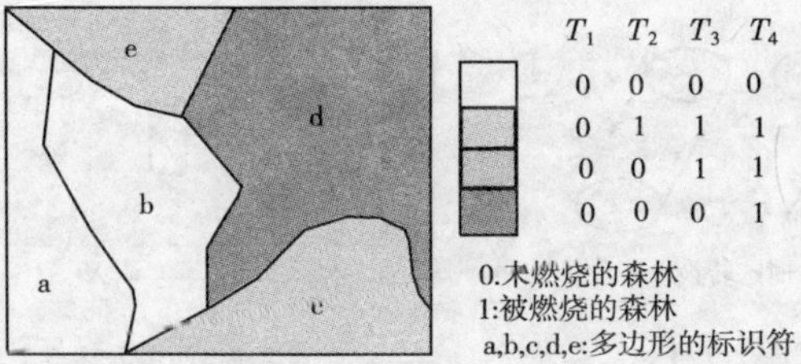

图 3-3　时空复合模型示意图（Langran 和 Christman，1988）

这种模型与矢量基态修正模型相似，不过它的历史数据和当前数据都是存储在同一个层中。这种设计保留了沿时间的空间拓扑关系。所有更新的特征都被加入到当前的数据集中，新的特征之间的交互和新的拓扑关系也随之生成。与矢量基态修正模型比较，这种模型对于历史特征空间拓扑关系的生成处理上要方便一些。

该模型较时空立方体模型和快照序列模型更节省空间，同时又比基态修正模型历史状态检索效率高，引起多数研究者的兴趣(陈军，乐燕芬，1995；黄明智，1996)。乐燕芬(1996)扩展了时空复合模型来实现地籍的变更与管理。然而，它在存储存取管理、尤其语义建模能力方面的支持仍具有许多不足和需要改进的地方(舒红，1998)。

3.2.3.3　3D/4D 数据模型

3D/4D 数据模型被认为是真正的时空数据模型(见图 3-4)，因为它将时间值存储在实体的每个空间坐标点上。这种数据模型克服了数据冗余，同时可进行时空连接操作和拓扑查询(Hazelton et al.，1990)。Hazelton(1992)开展了 4 维 GIS 的理论研究。真正的 TGIS 应该允许时间和空间坐标一样，作为特征的一个属性存储。这种模型克服了大部分其他一些方法的限制，完全的 4 维矢量拓扑 GIS 可以在避免数据冗余的基础上完成时空操作和拓扑查询。

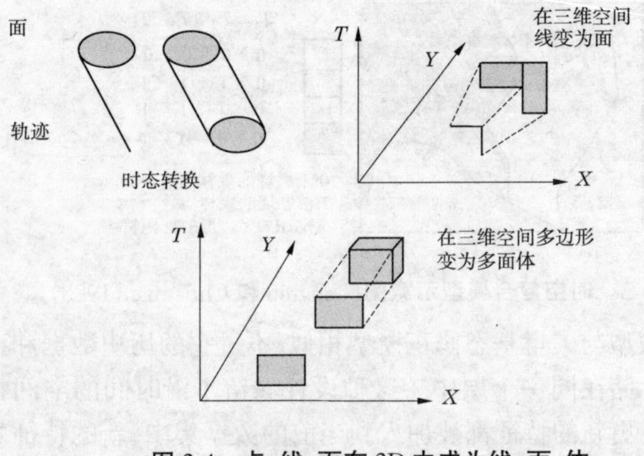

图 3-4　点、线、面在 3D 中成为线、面、体

3.2.3.4 面向对象的时空一体化数据模型

随着面向对象技术的出现,利用面向对象技术进行时空数据模型的设计引起许多学者的兴趣。Worboys(1992a)提出了一个面向对象的方法用来进行时空数据建模(见图 3-5)。它把地理要素分为时空对象(Spatial Temporal Object,简称为 STO)和非时空对象(Non Spatial Temporal Object),非时空对象即属性对象。该模型认为世界是一个时空原子所组成的离散对象集,时空原子为时间和属性相同的均匀实体。该模型中时间维与空间维是垂直的,它可表示实体在空间和属性上的变化。

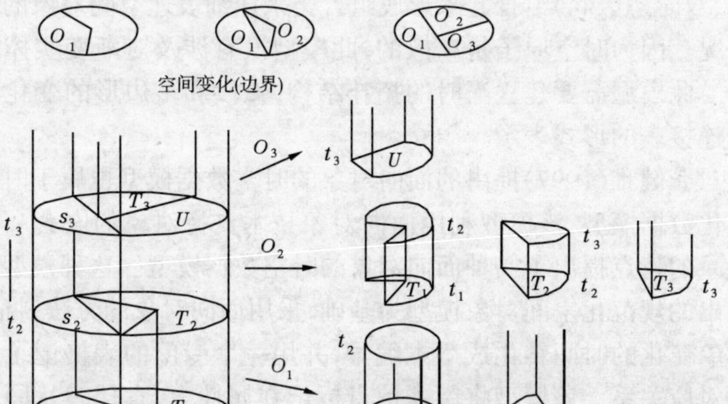

图 3-5 时空对象模型(Worboys,1992a)

Worboys(1992a)提出了几种面向对象方法的时间标记方法:①将时间标记在所有地理对象上。这种方法的优点是在地理对象的生存期间时态信息一直存在。这种方法使用较少的存储空间,但是它对对象的时态属性的表达有一定的难度,它要求空间对象必须有更精细的粒度。②将时间标记在空间对象类(Primitive spatial object classes)——点、线、面上。它不但增加了存储空间，而且要求对象的时态变化有更精细的粒度。③在空间的最低层次上融合时间和空间，然后在此基础上构造更高维（Higher dimension)的时空对象类，即多边形类和环类的时间值来源于点的子类——节点的时间值，这样保证了整个空间对象同时具有时态属性。这种方法似乎获得了比第一种方法更精细的粒度，相对于第二种方法节约了计算机的存储空间，但它需要很好的存取方法或者物理存储结构。它通过把时间标记到空间原子，即把原子空间对象类(点、串、节点、链和多边形)和原子时态对象类(双时态间隔、双时态区间)组合起来形成组合类来详细表达空间对象的时变情况。因为时空原子是离散的，此模型没有涉及对渐变实体的表示。此模型需要建立当时的拓扑结构，弧段和多边形的变化则采用连接表的形式表示。

龚健雅(1997)提出的面向对象的时空数据模型也属于时空一体化数据模型，该模型利用面向对象技术支持对象的嵌套和变长记录的特点提出了一种面向对象的时空数据模型。这种模型以其提出的规范化空间对象模型为基础，采用面向对象的方法，将空间对象变化的时间转化成版本编号，并用一个专门的表格记录它们的对应关系。该模型将版本信息标记在属性上，直接表达同一对象不同时期多个版本的属性值。

3.2.4 时空属性集成模型

空间、时间和属性是地理实体的3个基本特征，而一般的空间和时空数据模型都忽视了地理实体的属性信息的研究。因此，Peuquet(1994)、Usery(1996)和Yuan(1997)等提出建立包括属性在内的时空三域模型。

3.2.4.1 时空三域模型(Triad Model)

Peuquet和Qian(1996)提出的时空三域模型(Triad Model)概

念是面向对象表达(What)、基于位置表达(Where)和基于时间表达(When)(如图 3-6 所示)。Peuquet 和 Qian(1996)指出基于要素或基于对象(Object-or feature-based)的模型在关于对象信息的查询更加快捷,基于域或位置(Field- or location-based)的模型关于位置的查询非常方便,同样,基于时间(Time-based)的模型关于时间的查询非常方便,这就是 Triad 的初衷。

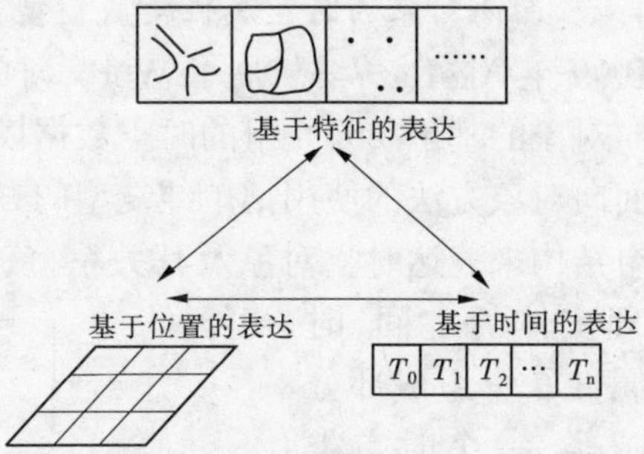

图 3-6　三域模域(TRIAD model)
(Peuquet 和 Qian,1996)

对象或要素封装了要素特征,如要素 ID、名称、要素类、空间分隔符(Spatial delimiter)和时态分隔符(Temporal delimiter)等,在空间分隔符中存储要素的两个位置:起始位置和最新位置,在时态分隔符中存储两个时间:起始时间和结束时间。Triad 的模型的主要缺点是:①不能表达要素的几何变化;②不能处理拓扑变化;③仅仅考虑了一维时间:有效时间。

Yuan(1997)在进行野火蔓延的研究中明确提出了建立语义域、时态域和空间域的三域模型(Three-domain Model)(如图 3-7 所示)。语义域用来表达地理实体的非空间和非时态特征,时态域中主要定义时态对象(如时刻、时间间隔等),空间域包括点、线、多边形、体。Three-domain 模型支持基于要素(Entity-centered)和基于位置(Location-centered)两种方法。基于位置(Location-centered)的方法可用在传统的将现实世界分层的 GIS 中,基于要素(Entity-centered)的方法将空间和时间看做实体的属性。时空三域模型的贡献在于将地理实体的属性信息提到和时间、空间信息同等重要的地位。但模型在时间、空间和属性上仍然是分离的，没有集成的载体，没有集成的机制。

3.2.4.2 面向对象的时空属性集成模型

1999 年 Ale Raza 等扩展了 Worboys 的单纯复型法，提出了一种面向对象的基于单元元组的时空数据模型。通过对时态维的统一和面向对象方法的使用把单纯复型的方法扩展成单元复型和单元元组结构来表达时空对象及其关系，该模型利用面向对象技术把地理实体的空间、时间和属性 3 个组成部分处理成类，一个时空类就是一个时态单元复形，各维时态单元复形聚集成基于时空模型的单元元组。这种模型的优点是所有时间的时空拓扑都被隐含地存储，空间对象被同一处理。由于维的独立性，这种模型可被扩展到高维空间对象。同 Worboys 的模型不同的地方是：Ale Raza 在模型中不仅考虑了时间、空间特征，而且考虑了属性特征。

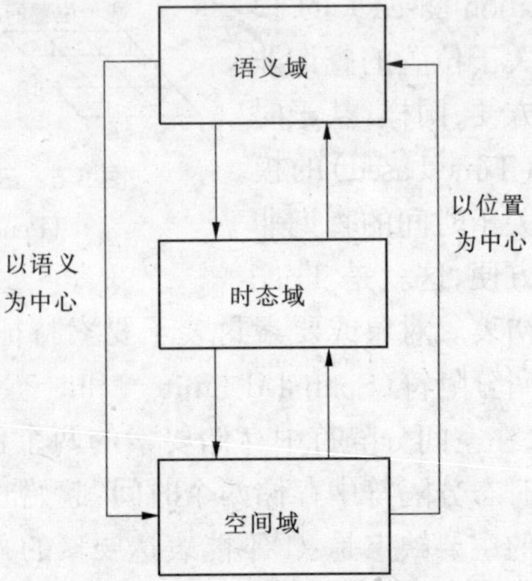

图 3-7 时空三域模型的概念框架（Yuan，1996）

曹志月(2002)利用面向对象的思想提出了一种时空数据模型。该模型的核心是以面向对象的基本思想组织地理时空，其中对象是独立封装的具有唯一标识的概念实体。每个地理时空对象中封装了对象的时态性、空间特性、属性特性和相关的行为操作及与其他对象的关系。时间、空间及属性在每个时空对象中具有同等重要的地位，不同的应用中可根据具体重点关心的方面，分别采用基于时间(基于事件)、基于对象(基于矢量)或基于位置(基于栅格)的系统构建方式。该模型重点讨论了基于时间的数据组织方式和数据存储方式。

3.2.5 分析与评价

上述模型都在一定程度上解决了时间在 GIS 中的表达和模拟问题,快照式模型很容易在当前 GIS 中实现,可以较好地存储历史数据,但数据冗余很大并且难以作出基于时间的分析,同时空立方体模型相比,这种模型存储了某一时刻完整的空间拓扑关系。基态修正模型不存储每个对象不同时间段的所有信息,只记录一个数据基态和相对于基态的变化值,提高了时态分辨率,减少了数据冗余量。但是基于矢量图形或栅格影像的基态修正模型在进行空间对象和时态属性双向查询时,难以建立直接索引关系。时空复合模型包括了时间分析所需要的拓扑,是一种比较理想的数据结构,它在存储存取管理,尤其语义建模能力方面的支持仍具有许多不足和需要改进的地方;4D 模型现在还仍然是理论上的。

随着面向对象技术的发展,越来越多的专家学者将研究的兴趣放在利用面向对象技术进行时空数据模型的建立上。国外的 Worboys(1992a)、Agnar Renolen(1997)、Ale Raza(2000)、Bonan Li (2002),国内的龚健雅(1997)、舒红(1997)、曹志月(2002)、林广发(2002)、张山山(2003)、金培权(2004)等对面向对象的时空数据模型进行了研究。但这些数据模型大都基于较低层次,专注于数据模型的物理实现,而忽视了对地理空间的正确抽象。

总之,目前存在的时空数据模型中仍然存在缺陷。首先,地理实体语义表达的不完整,缺少对属性变化的描述。空间、时间和属性是地理实体的 3 个基本特征,而一般的空间和时空数据模型都忽视了地理实体的属性信息的研究。其次,时空数据模型的建立必须符合人类的认知规律(Mennis, J. L., D. J. Peuquet, et al,

2000)，应能够表达发生了什么(What)、在哪儿发生(Where)、什么时间发生的(When)等语义。这些模型的根本缺陷在于对地理实体的建模中时间、空间、属性的分离。由于受计算机领域专家思路的影响和计算机软硬件的限制，过去的工作主要集中在数据的存储管理与操作等计算机实现方面。另外，大部分数据模型是基于目前已经成型的GIS数据结构，无法比较完善地解决TGIS中的很多问题，离准确地模拟地理实体之间的时空关系还有一定距离。

§3.3　面向对象的时空建模方法

时空数据模型分为概念模型、逻辑模型和物理模型3个层次，概念模型的目的是获得对地理世界的一个正确认识，是时空逻辑数据模型实现的重要概念基础。

概念模型主要以形式化或半形式化的语言描述地理世界，主要面向应用、面向现实世界、集中反映应用需求。建模结果应易于用户理解，便于转换到逻辑建模阶段。一个好的概念模型应具有以下特征(张山山，2003)：①表达能力。模型要能真实反映现实世界，完整地表达感知到的现实世界，以获得时间、空间和变化过程的可选语义。简单性、直观性也是选择概念设计模型的最关键问题之一，模型应提供一个简单、清楚、一致的符号系统。②抽象能力。模型能否用高度抽象的方式表达现实世界。③友好性。易于使用和理解也是重要标准。④一个概念模型应该基于一个健全、正式的定义。⑤可扩展性。

目前概念建模的方法主要有实体关系方法和面向对象的方法。实体关系模型于1976年提出，在CASE厂商和其他领域拥有大量的支持者。实体关系模型是在文献中出现最早的概念模型，它具有易于使用、易于扩展的优点，但对时空语义的表达能力不足，它将复杂对象的表达分解为一系列的关系表。它的基本元素包括:①实体集。它表达对象,用一个矩形框描述。②关系集。它表达实体集或实体间的联系,用菱形框说明。③实体集和关系集的属性。它获取对象和联系的性质,用椭圆表达。实体之间的关系可以是一对一的,也可以是一对多或多对多的。“is-a”是一种特殊的关系,它用来建模实体集的子集,这个子集继承它的父集的所有性质。面向对象模型是一种新方法,其代表是对象建模技术(OMT)。面向对象的方法在对复杂对象的表达和模拟方面具有无与伦比的优越性,而时空的特点就是结构复杂。随着面向对象分析和设计(OOA/OOD)方法的优越性和重要性日益突出,人们对它的研究、开发和应用的热情也在不断地升高。在1989年,以专著、论文或技术报告等形式提出的OOA/OOD方法或OO建模语言有近10种,到1994年增加到50种以上,表明面向对象方法和技术已经得到认可并成为当前的主流。1996年Rational公司发布了统一建模语言(Unified Modeling Language,UML)。1997年,对象管理组织(Object Management Group,OMG)将UML作为标准建模语言,OpenGIS和ISO也采用了UML进行模型的描述。在这种标准化发展趋势下,本书选择UML作为时空数据建模的表达方式。

3.3.1 面向对象的基本思想和概念

3.3.1.1 面向对象的基本思想

面向对象是一种方法学,它比较自然地模拟了人们认识客观世界的方式,能够比较完整地、易于人们理解地实现软件系统。面向对象的基本思想包括以下几方面:

(1)从问题域中客观存在的事物出发来构成软件系统,用对象作为对这些事物的抽象表示,并以此作为系统的基本构成单位。

(2)事物的静态特征(可以用数据来表达的特征)用对象的属性来表示,事物的动态特征(事物的行为)用对象的服务或方法来表示。

(3)对象的属性和服务结合为一体,成为一个独立的实体,对外屏蔽内部细节(即封装)。

(4)对事物进行分类。把具有相同属性和相同服务的对象归为一类,类是这些对象的抽象描述,每个对象是它的类的一个实例。

(5)通过在不同程度上运用抽象的原则,可以得到较一般的类和特殊的类。特殊类集成一般类的属性和服务。

(6)复杂的对象可以用简单的对象作为其构成部分(即聚合)。

(7)对象之间通过消息进行通信,以实现对象之间的动态联系。

从以上可以看出,面向对象的方法以类的形式进行描述并通过对类的引用而创建的对象是系统的基本构成单位。这些对象对应着问题域中的各个事物,它们的内部属性与操作表现了事物的静态特征和动态特征。对象类之间的继承关系、聚合关系、消息和关联真实地表达了问题域中事物之间的各种关系。这种分类结构能够直接模拟人们认识过程中的从一般到特殊的演绎功能和从特殊到一般的归纳功能,类既反映出对象的本质属性又提供了实现对象共享的机制。

3.3.1.2 面向对象的基本概念

(1)对象(Object)。对象是现实世界中实际存在的实体(或事物),是构成系统的基本单位。一个对象由一组属性和对这组属性进行操作的一组服务构成。属性是一些数据项,用来描述对象的静态特征。服务是一个操作序列,用来描述对象的动态特征(行为)。每一个对象都有一个终生不变的标识号(ID)来唯一标识。

(2)类。类是具有相同属性和服务的一组对象的集合,它为属于该类的全部对象提供了统一的抽象描述,其内部包括属性和服务两个主要部分。类的作用是定义对象。类给出了属于该类的全部对象的抽象定义,而对象则是符合这种定义的一个实例。类可以是子类,也可以是超类(父类),它们在系统中形成复杂的层次体系结构。

(3)封装。封装就是把对象的属性和服务结合成一个独立的系统单元,并尽可能隐藏对象的内部细节。封装是面向对象方法中的一个主要原则,将属性和服务封装起来构成一个不可分割的独立单元,内部信息隐蔽,外部提供接口界面与其他对象发生联系。

(4)继承。继承是超类和子类之间共享属性与服务的机制,它表达了超类和子类之间的一种关系,超类对象是所有子类对象的一种综合(Generalization),而子类对象则是超类对象的一种特例(Specialization)。如果一个类具有两个或更多的超类,则称为多重继承。

(5)消息。消息是向对象发出的服务请求,包括提供服务的对象标识、服务标识、输入信息和回答信息。对象通过对外提供的服务在系统中发挥作用,其他对象请求该对象执行某个服务时,它就是响应这个请求,并完成指定的服务。

(6)多态性。对象的多态性是指在超类中定义的属性或服务被子类继承后,可以具有不同的数据类型或表现出不同的行为,使得相同属性或服务名称的超类和子类具有不同的语义。

(7)永久对象。永久对象就是生存期可以超越程序的执行时间而长期存在的对象。即通过外存存储对象,使对象能方便地存储、恢复、转换以实现对象的共享。

面向对象的基本概念在应用中体现出 3 个层次:第一个层次的特征是封装,封装是面向对象系统设计的核心,它的作用是将外在界面与内部实现分开,即隐藏对象内部数据或操作的细节。对象间的通信是在明确定义的界面上进行的;第二个层次是在封装的基础上增加继承性和多态性,即在类的基础上组成类库,类可以构成层次继承结构,类库则为系统开发提供强有力的支持和灵活性;第三个层次是应用系统框架,是在类库基础上更高级的抽象,通过抽象和继承为对象的重用提供可能性,设计人员可以根据具体目标,利用、扩展和定制框架。

3.3.2 面向对象方法的抽象机制

面向对象的方法学是认知科学的重要研究领域,包括面向对象的认知方法学和面向对象的程序设计方法,面向对象的认知方法学的具体体现是通过面向对象的程序设计方法学来实现的(王家耀,1997)。面向对象的方法学是面向对象技术在认知科学的应用。面向对象技术是在20世纪70年代末产生的,主要是一种程序设计方法,由于它比较自然地模拟了人类认识世界的方式,是对真实世界的抽象思维方式,因而逐渐成为软件工程中系统分析和设计方法。面向对象把客观世界从概念上看成是一个相互配合协作的对象所组成的系统(杨文龙,1999)。面向对象技术的发展可以分为3个阶段:面向对象编程(Object Oriented Programming,OOP)、面向对象分析(Object Oriented Analysis ,OOA)和面向对象设计(Object Oriented Designing,OOD)。面向对象技术改变了我们对系统概念化、建设、使用的方式。它促进了不同的计算机资源的整合,通过健壮的组件使软件系统易于维护、改变和扩展。

3.3.2.1 面向对象方法的抽象机制

面向对象的方法适合于软件系统生命周期的各种阶段,如面向对象的分析、面向对象的设计、面向对象的程序编码以及面向对象的系统维护等。但主要的还是面向对象的分析与设计,它们是建立软件系统或信息系统的核心。面向对象的分析与设计针对问题域中客观存在的实体建立其模型中的对象,用对象的属性和操作分别描述实体的静态与动态特征,把具有相同属性和相同操作的对象归结为类。用分类结构描述超类和子类之间的继承关系,用组装结构描述实体间的组成关系,用实例连接和消息链表示实体之间的静态联系与动态联系。实际上面向对象的分析和设计就是建立系统的模型,通过将所有对象组织为一个分层结构来表达现实世界客观实体及其之间的关系,真实地模拟现实世界问题域。面向对象的方法为系统模型的建立提供了分类、概括、联合、聚集4种语义抽象技术和继承、传播两种语义抽象工具:

分类(Classification)是把一组具有相同结构的实体进行归类的过程。这些实体是属于这个类的实例对象,对象与类的关系表示为 is-instance-of 的关系。分类抽象提供了从广泛意义上的类型得到一个特定对象的特化机制。

泛化(Generalization)是将一组具有部分相同属性结构和操作的类归纳成一个更高层次、更具一般性类的过程。前者为子类,后者为超类,子类与超类的关系为 is - 的关系。

关联(Association)把一组属于同一类的对象组合起来,形成一个更高级的集合对象,这一抽象技术称为联合。集合对象中的每个对象称为它的成员对象。成员对象和集合对象之间的关系为 is-member-of 的关系。

聚合(Aggregation)是把一组不同类型的对象组合起来,形成一个更高级的复合对象。每个不同类型的对象称为该复合对象的组件对象。组件对象与复合对象的关系表现为 is - part - of 的关系。这种抽象技术可以十分有效地用于描述复杂对象。

继承(Inheritance):在类型的层次结构中,子类依赖于超类,即子类的属性和操作从超类继承过来。继承的引入可以减少信息冗余,保持系统的完整性。

传播(Propagation)是用来描述属性值间的依赖性和获得操作的过程,其基本原理就是成员对象的相关属性只存储一次,然后再将这些属性值传给复杂对象,这样当成员对象的属性值被改变后,复杂对象的属性值无须修改,因此极大地减少了信息冗余并保证了信息的一致性。

目前较著名的面向对象分析与设计方法——OMT(Object Modeling Technology)和UML(Unified Modeling Language)为系统建模提供了定义、描述和表达现实世界的有效方法。利用面向对象的方法进行建模,我们称为对象建模。如图3-8为UML的部分图例。

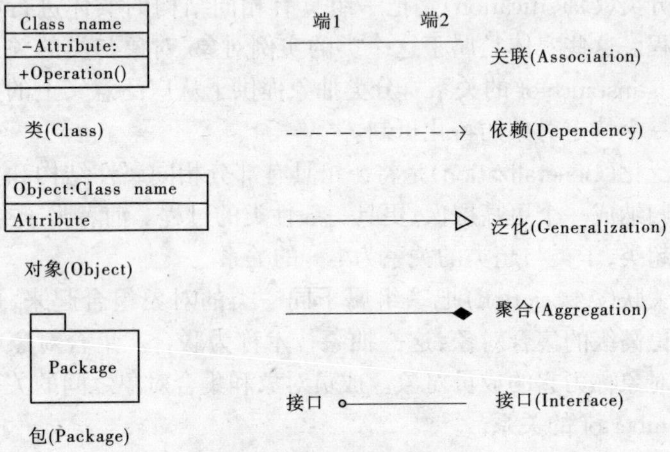

图3-8 建模元素表示图例

3.3.2.2 UML的可视化表示方法

UML是一种用于软件系统制品规约的、可视化的构造及建档语言,也可用于业务建模及其他非软件系统。从系统模型这一级别看,UML表示法由9种图构成,它们是静态结构图(Static Structure Diagram)、Use Case图(Use Case Diagram)、顺序图(Sequence Diagram)、协作图(Collaboration Diagram)、状态图(Statechart Diagram)、活动图(Activity Diagram)和实现图(Implementation Diagram)等。UML定义了一些在各种图中常用的元素,例如串(String)、名(Name)、标签(Label)、关键词(Keyword)、表达式

(Expression)、注释条(Note)等,并给出它们的表示符号。上述9种图中,静态结构图及其他元素可以用来描述数据库中的概念模型和GIS空间数据模型。

静态结构图包括类图(Class Diagram)和对象图(Object Diagram)。“类图是静态结构模型的图形化视图”,“类图是(静态)声明的模型元素集合”。“对象图是实例的一种图形,它包括对象和数据的值,静态的对象图是类图的一个实例,它显示了在一个时间点上系统细节状态的一个快照”。

3.3.3 面向对象时空数据模型的优越性

面向对象的方法不单单指面向对象编程语言,它也是一种重要的方法论。面向对象技术是在20世纪70年代末产生的,主要是一种程序设计方法,由于它比较自然地模拟了人类认识世界的方式,是对真实世界的抽象思维方式,因而逐渐成为软件工程中系统分析和设计方法。随着面向对象技术的出现,面向对象的数据模型以丰富的语义、描述复杂对象的功能和数据抽象技术等优点受到地理信息系统专家的关注。国内外的众多专家学者如Worboys M(1994)、龚健雅(1997)、Agnar Renolen(1997)、舒红(1997)、Raza A(2000)、曹志月(2002)等都曾经或正在利用面向对象的思想进行时空数据模型的研究。面向对象的时空数据模型具有以下优点:

(1)以面向对象分析方法和程序设计方法为基础的面向对象的模型方法,提供了丰富的数据建模机制:对象(封装、对象标识)、类型与类、概括(继承)、多态、聚集、传播等,能够很好地模拟和描述地理空间中复杂的时空对象。面向对象数据模型在复杂结构数据建模、数据和操作重利用方面具有比关系、扩展关系、层次数据和网状模型更大的优点,而时空数据的最大特点莫过于大数据量和复杂的结构。空间数据和无限变化的历史累积数据属海量数据,且空间数据的明显层次结构、有序、不定长、复杂关系、时态数据的时间序列等特点要求数据库系统提供复杂结构或语义建模机制。

(2)面向对象的时空数据模型可以建立自然的、充分表示现实世界地理空间的概念模型。通过多种语义抽象机制,可以采用与人们在科学认识模型中一致的方式表示地理空间,并以此来建立地理空间的数据模型。这种数据模型既可以表达人们对地理现象和地理性质认识的概念体系,按照人们自然思维方式中的分解和抽象机制来表示地理空间的结构和相应的各种复杂对象,又可以支持较完备的空间关系集的表示。

(3)面向对象数据模型提供了概念模型到逻辑数据模型以至物理数据模型一致的表示方法,模型抽象的各个阶段可以自然过渡,不需要人为地进行模型转换,特别是概念模型和逻辑数据模型之间的界限变得模糊起来。也就是说,人们在设计和使用地理信息系统时直接使用提供的数据定义语言。

由于面向对象时空数据模型具有以上的许多优越性,因此使用面向对象技术进行时空数据建模、发展时空对象数据模型将是时空数据建模的重要手段。

§3.4 面向对象的时空属性概念模型

3.4.1 地理实体的抽象

3.4.1.1 时空属性对象(Spatial Temporal Attribute Object, STAO)

我们处在一个不断变化的地理空间中,不断变化的地理空间由地理实体组成。按照面向对象的观点,每个地理实体可被看做一个对象,每个对象由3部分构成:空间部分、属性部分和时间部分，即是一个具有空间特征、属性特征和时间特征的对象——时空属性对象(Spatial Temporal Attribute Object，STAO)，如图 3-9 所示。

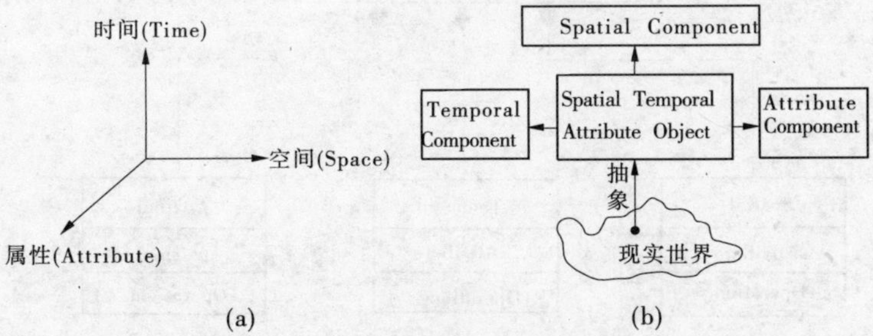

图 3-9　现实世界的抽象：时空属性对象

(Spatial Temporal Attribute Object，STAO)

地理实体的 3 个基本特征(时间、空间和属性)可被抽象表达为 3 个基本的类：空间类(Spatial Class)、时间类(Temporal Class)和属性类(Attribute Class)，其中 Temporal Class 不能单独存在，这 3 个部分又可进一步划分为 3 个独立的领域来描述其构成和关系。STAO 对象同 Spatial Class、Temporal Class 和 Attribute Class 的关系如图 3-10 所示。

STAO 是 TGIS 的基础，是地理实体在 TGIS 中的表达，它更加完整、正确地表达了地理实体的各种语义，可以表示为：STAO = Object{OID，(S，T，A)，Operation}，其中 OID 为 STAO 的唯一对象标识，该对象标识在对象的整个生存周期中不发生变化，S、T、A 分别对应着对象的空间、时间和属性 3 部分内容，Operation 表示该对象的各种时空操作，时空操作按内容主要包括时间操作、空间操作、属性操作以及时空属性联合操作。

时间和空间、属性聚合构成时空对象类(Spatial Temporal Class)和时态属性类(Attribute Temporal Class)，如图 3-11 所示，

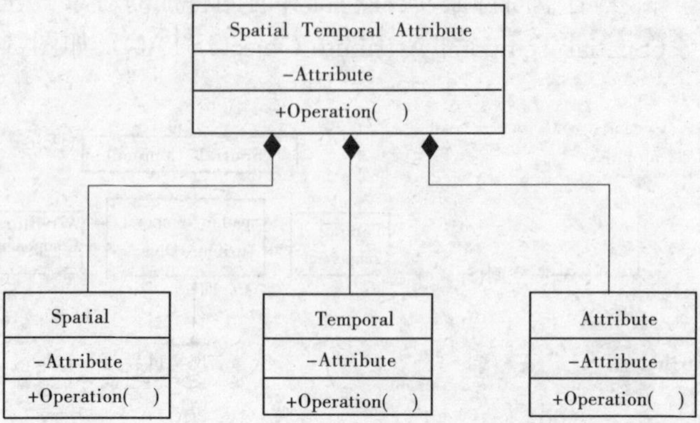

图 3-10 STAO 对象模型图

这样可以方便地表达空间随时间的变化和专题属性随时间的变化。

3.4.1.2 时空属性对象的变化

(1)连续变化、离散变化和级进变化。在 TGIS 中,根据时空对象的空间特征(如位置、边界、形状等),时空变化类型可分为连续变化(Continuous change)、离散变化(Discrete change)和级进变化(Stepwise change)。连续变化中时空对象时刻处于变化状态,如水流、空气流动等,离散变化中时空对象总是处于静止状态,但当某地理事件发生时,会引起状态的突变,此时,时空对象的空间位置和属性都可能发生变化,如地籍管理中的时态变化属于时空对象的离散变化。级进变化中时空对象有时处于静止状态,有时处于变化状态,如人口、交通工具等,该类型的时空对象变化特征是只有时空对象的空间位置发生变化,其属性、形状保持不变。

(2)本质变化与非本质变化。根据变化的程度可将 STAO 的变化分为本质变化和非本质变化。本质变化是导致新的对象产生、旧的对象灭亡的变化。非本质变化指地理实体一般特征值的变化。决定一地理实体是否变为另一地理实体要看地理实体的本

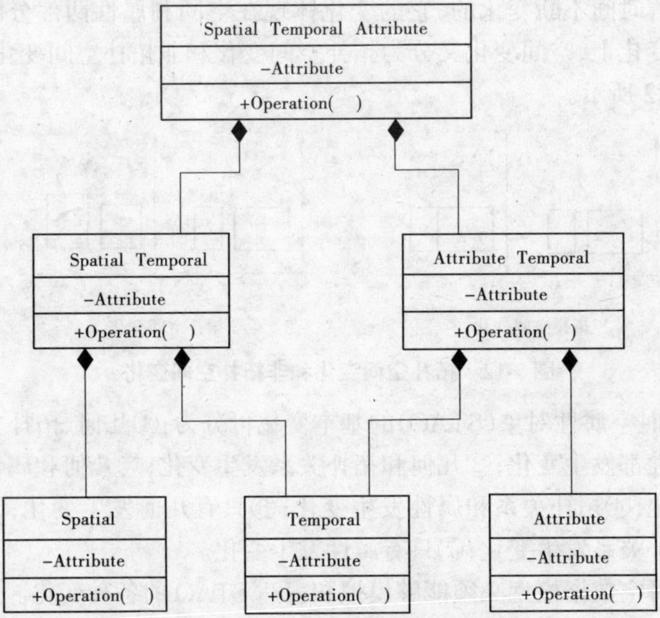

图 3-11 时空对象类和时态属性类

质特征是否改变。地理实体的本质特征指用户最感兴趣的特征，可能是某项属性特征，也可能是某项空间特征。如长江流速及河道改变后仍为长江，而地籍变更管理中，地块的边界位置改变了就表明生成了一新地块，需分配新的地块号。

STAO由Spatial Class、Temporal Class和Attribute Class聚合而成，空间随时间的变化和专题属性随时间的变化分别构成时空对象类(Spatial Temporal Class)和时态属性类(Attribute Temporal Class)。现实世界中包含有空间实体和非空间实体，如地籍管理中的宗地为空间实体、权利人为非空间实体，空间实体和非空间实体都具有时间的概念，Sptial Temporal Class和Attribute Temporal Class就是空间实体和非空间实体的抽象类。在现实世界中实体是随着时间不断变化的，它的变化体现在空间和属性两部分随时间的变化上，空间变化又分为拓扑空间变化和非拓扑空间变化，如图 3-12 所示。

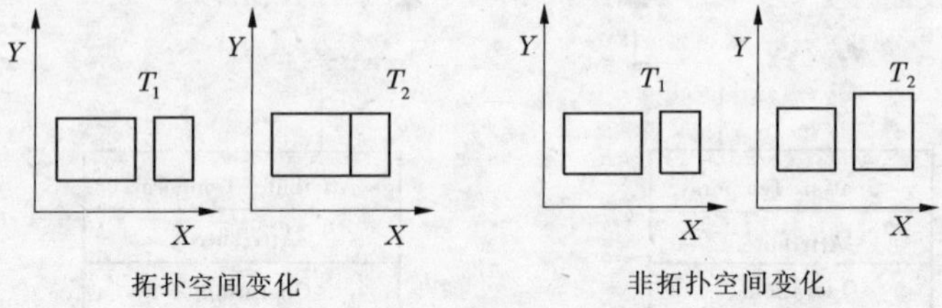

图 3-12　拓扑空间变化和非拓扑空间变化

时空属性对象(STAO)的基本变化可分为：①几何、拓扑关系和属性都发生变化；②几何和拓扑关系发生变化；③几何和属性发生变化；④拓扑关系和属性发生变化；⑤只有几何发生变化；⑥只有拓扑关系发生变化；⑦只有属性发生变化。

时空数据模型必须能够模拟和表达 STAO 的各种变化。

3.4.2　各对象类及其关系

3.4.2.1　时态类(Temporal Class)

时态类(Temporal Class)是关于时间的建模。根据在第 2 章中的探讨可知时间有线性、分支和循环 3 种结构，可分别抽象为 3 个子类：线性时间类(Linear Time)、分支时间类(Braching Time)和循环时间类(Cyclic Time)。用 UML 表示如图 3-13 所示。每个子类都具有相应的时态操作，如在……之前(Before)、在……之后(after)、equal、meet、overlap 等操作。

在线性结构中，时间从过去开始按顺序发展到未来。在分支结构中，时间以线性开始到未来可能分成几个方向。线性结构中，时间从过去、现在到将来是线性递增增加的，这种结构是一种全序集(Totally ordered set)。分支模型有两种情况，一是时间从过去、

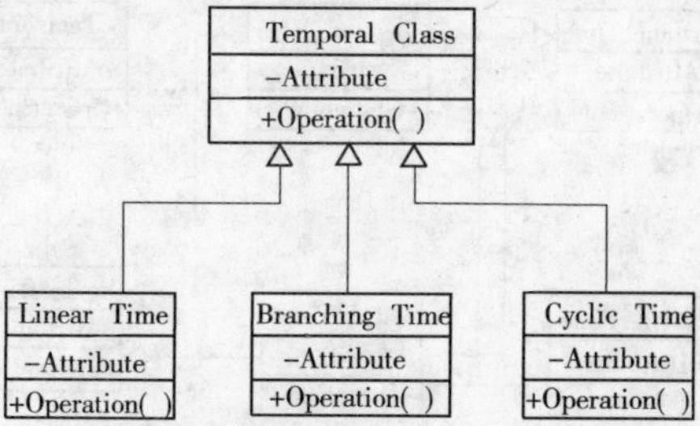

图 3-13　时态类(Temporal Class)层次结构

现在是线性递增的,从现在到将来有许多可能。二是时间从过去到现在有许多可能,而从现在到将来的变化是单调递增的,它们都是偏序集。在线性和分支结构中,老对象和新对象不会重复,而在周期结构中,对象在一个周期内将返回为原来的状态。Snodgrass(1992)指出对空间模型而言线性时间结构已经能够满足需要,因此为了简化模型我们仅考虑线性时间结构,即认为时间是一维线性的,是一条没有端点、向过去和未来无限延伸的线轴。

在系统中时间表达采用绝对时间,分别记录有效时间(Valid Time)和事务时间(Transaction Time),有效时间和事务时间采用时刻(Instant Time)和间隔时间(Interval Time)记录。如图 3-14 为时态类(Temporal Class)的简化结构。

3.4.2.2　空间对象(Spatial Class)

空间对象类是对地理空间中实体在非时态 GIS 中的抽象描述,也是 TGIS 中时空对象空间组成部分的抽象。空间对象类(Spatial Class)的核心是几何对象和它们的关系, GIS 的图形是空间点集在二维平面上的投影。无论图形多么复杂,都可以将其分解为点、线、面 3 种基本图形要素,其中点是最基本的图形要素(王家耀,2001),空间对象包括 3 个子类:Point Class、Line Class、Area Class。如图 3-15 为空间对象类的层次结构。

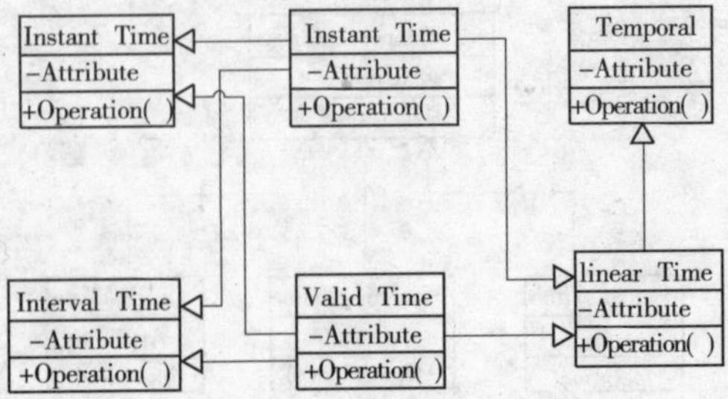

图 3-14 时态类(Temporal Class)简化结构

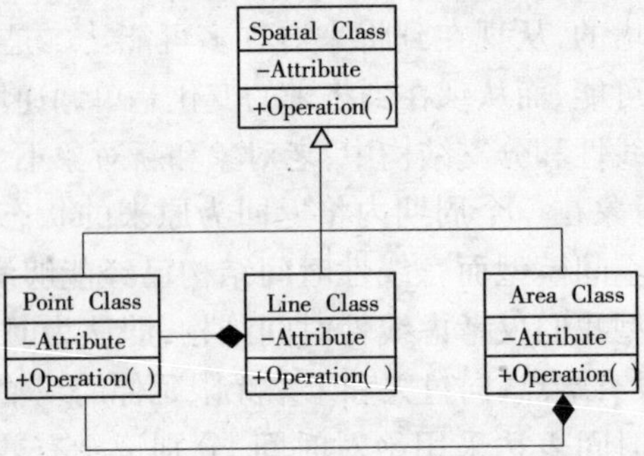

图 3-15 空间对象类

3.4.2.3 时空对象(Spatial Temporal Class)

时空对象类表达了随时间变化的地理实体的几何组成及其关系在 TGIS 中的抽象描述,是 Spatial Class 和 Temporal Class 的聚合。时空对象类不包含地理实体的属性部分,因此无法知道它在地理世界中的具体语义,也无法描述地理实体属性随时间的变化,时空对象可称为在某一时刻 t 的几何对象。时空对象的变化通过状态变化的记录来表达,即通过绝对时间标记分别记录状态变化的有效时间和事务时间来对其时变情况进行说明。根据空间对象的分类,它包括时空点对象(Spatial Temporal Point Class)、时空线对象(Spatial Temporal Line Class)和时空面对象(Spatial Temporal

Area Class)。如图 3-16 所示。

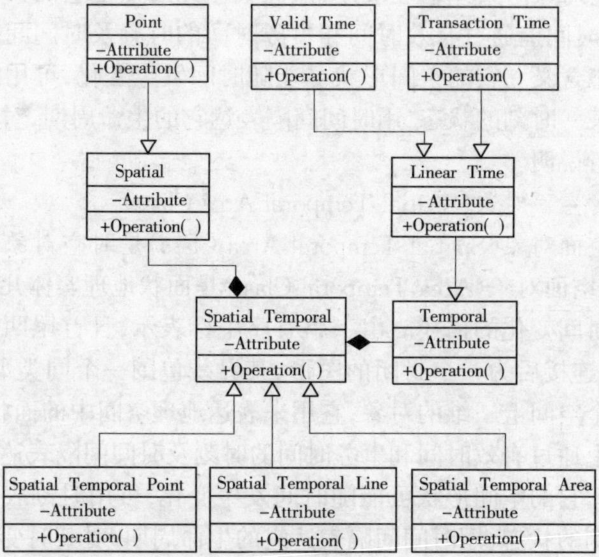

图 3-16　时空对象(Spatial Temporal Class)层次结构

1)时空点对象(Spatial Temporal Point Class)

时空点对象(Spatial Temporal Point Class)是点状地理实体几何组成部分随时间变化的描述,时空点对象是时空对象的一个子类,是一个空间上零维的对象,空间上可由一个单一位置(x,y)表示,在语义上没有关于时空点对象的属性表述,也就是说我们无法知道该点对象在现实世界的具体语义,时间的表达上采用有效时间和事务时间的时刻和时间间隔表示,对其时变情况进行说明。

2)时空线对象(Spatial Temporal Line Class)

时空线对象(Spatial Temporal Line Class)是时空对象的一个子类,是线状地理实体几何组成部分随时间变化的描述,是一个空间上一维的对象,空间上可由一串有序坐标连接起来表示其形状,也有可能由一条或多条弧段组成，在领域语义内容上没有关于该线状时空对象的具体属性表述，因此我们无法知道它的具体领域含义，在时间上通过有效时间和事务时间的时刻及时间间隔表达它的时态含义。它的空间形状可能随时间发生变化，可用时刻表达它在某一时刻的状态，用时间间隔表达它的生命周期，对其时变情况进行说明。

3）时空面对象（Spatial Temporal Area Class）

时空面对象（Spatial Temporal Area Class）是时空对象的一个子类，时空面对象（Area Temporal Class）是面状地理实体几何组成部分随时间变化的描述。由一串有序坐标表示，且首尾两个坐标值相等，连接后为一个封闭的图形，其界线包围一个同类型区域。它是一个空间上二维的对象，它用来表达地理空间中的面状物体。在时间上通过有效时间和事务时间的时刻及时间间隔表达它的时态含义。它的空间形状可能随时间发生变化，可用时刻表达它在某一时刻的状态，用时间间隔表达它的生命周期，对其时变情况进行说明。同时空点对象和时空线对象一样，时空面对象缺乏具体语义的描述，即关于属性的表达，对于某一时空面对象，仅知道这是一个某一时刻或具有某一时间间隔的面状实体，但不知道该面状实体是宗地还是房屋。

3.4.2.4 属性类（Attribute Class）

属性类用来解释空间实体在领域空间的具体语义，它同 Spatial Temporal Class 聚合产生 Spatial Temporal Attribute Class；也是单独存在作为非空间实体（如地籍管理中的权利人）的抽象表达。作为 Spatial Temporal Attribute Class 的一部分，属性类具有 3 个子类：点属性类（Attribute Point Class）、线属性类（Attribute Line Class）和面属性类（Attribute Area Class），分别用来解释点状实体、线状实体和面状实体的具体领域意义。如图 3-17 所示。

在大部分的时空数据模型中缺少对属性的描述，这样就难以表达地理实体的属性随时间的变化。空间对象可被抽象表达为点、线、面等对象，在 GIS 中，线杆、烟囱、界址点等地物可被抽象表达为点，道路、河流、铁路、界址线等可被抽象表达为线，城市、湖泊、宗地等可被抽象表达为面。这些对象除具有空间特征之外还具有属性特征，它们的属性由属性类(Attribute Class)来表达。

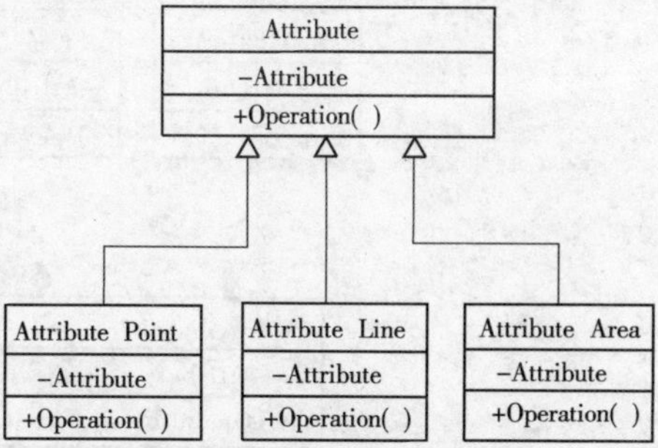

图 3-17 属性类层次结构

现实世界的大部分信息具有时态属性，但是有些属性时态特征属性很弱或者从应用的角度看不必要表达其时态属性，如在地籍管理中宗地的四至、坐落等属性。这些时态特征很弱的属性或者从应用角度不必要表达其时态特征的属性可以用属性类(Attribute Class)表达，这些属性是面向应用的，它不需要记录其时间特征或者说没有必要记录其时间特征。

3.4.2.5 时态属性类(Attribute Temporal Class)

属性类(Attribute Class)和时态类(Temporal Class)聚合形成时态属性类(Attribute Temporal Class)。时态点属性类(Attribute Temporal Point Class)、时态线属性类(Attribute Temporal Line Class)和时态面属性类(Attribute Temporal Point Class)是时态属性类(Attribute Temporal Class)的 3 个子类，如图 3-18 所示。属性类(Attribute Class)的属性是面向应用的，时态属性类(Attribute Temporal Class)的属性同样是面向应用的，它主要描述空间实体随时间变化的属性，如地籍管理中宗地的面积、权利人、用途等属性。

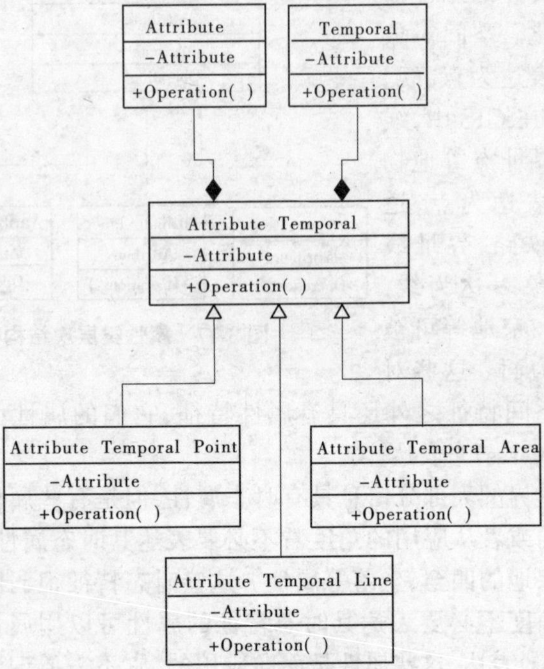

图 3-18　时态属性类层次结构

3.4.2.6　时空属性类(Spatial Temporal Attribute Class)

Spatial Attribute Temporal Class 是空间对象类(Spatial Class)、时态类(Temporal Class)和属性类(Attribute Class)的聚合。它有3个子类:时空属性点类(Spatial Temporal Attribute Point-Class)、时空属性线类(Spatial Temporal Attribute Line Class)和时空属性面类(Spatial Temporal Attribute Area Class),如图3-19所示。这些类的对象是对地理空间中点状实体(如界址点、线杆等)、线状实体(界址线、道路等)和面状实体(如宗地、建筑物等)的抽象表达。这些类的对象都应该存在父实体和子实体来分别表示它的来源和去向。

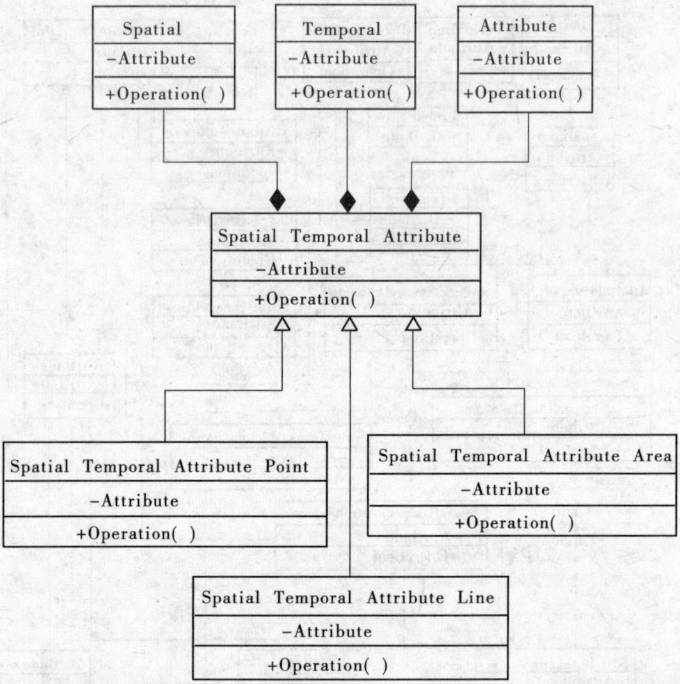

图 3-19　时空属性类(Spatial Temporal Attribute Area Class)层次结构

综合以上分析,形成如图 3-20 所示的面向对象的时空属性概念模型。

3.4.3　时空约束规则

时空约束规则也是时空数据模型的重要组成部分,主要有空间约束规则、时态约束规则和属性约束规则,过去的时空数据模型对此较少涉及。在此主要探讨空间约束规则、时间约束规则和时空约束规则,属性约束条件应结合具体的应用进行探讨。结合第 2 章时态关系、空间关系和时空关系的分析及前面的研究,直接给出以下约束条件:

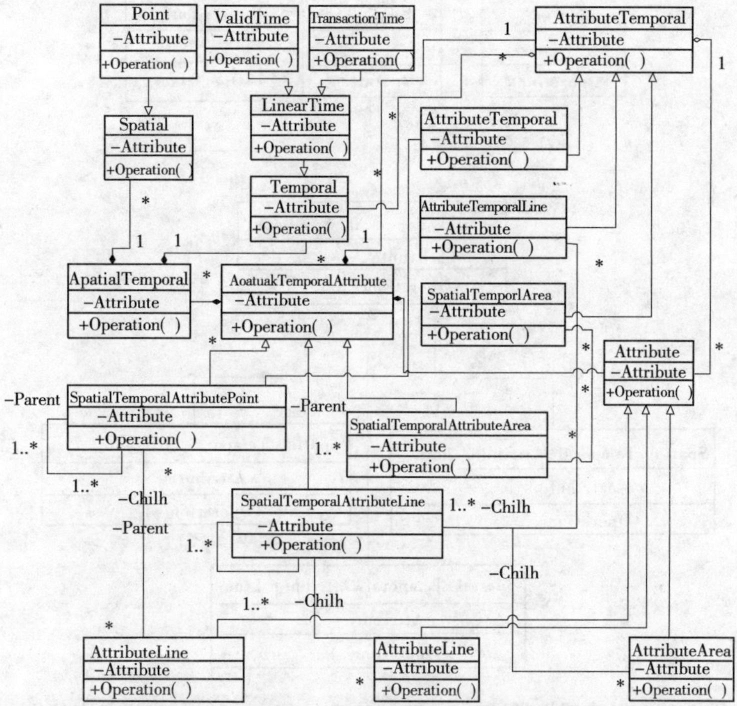

图 3-20 面向对象的时空属性概念模型

(Object Oriented Spatial Temporal Attribute Conceputal Model, OOSTACM)

(1) 对任意一个 STAO 都具有有效时间标记和事务时间标记,具有有效时间的开始时间 V_s 和结束时间 V_e 及事务时间的开始时间 T_s 和结束时间 T_e。

(2) 对任意一个没有消亡的 STAO,其 V_s 和 T_s 都不为空。

(3) 对任意一个消亡的 STAO, 其 V_s、V_e 和 T_s、T_e 都不为空,且 $V_s \leqslant V_e$ 和 $T_s \leqslant T_e$。

(4) 对任意两个 $STAO_1$ 和 $STAO_2$,若它们时间上相离,即 $(V_{s1}, V_{e1}) \cap (V_{s2}, V_{e2}) = \varnothing$,则 $STAO_1$ 和 $STAO_2$ 空间上无关。

(5) 具有父子关系的面状 $STAO_1$ 和 $STAO_2$，在空间上具有相交性，时间上具有相接性。

3.4.4 时空操作

数据模型由数据结构、数据操作和数据约束规则组成。一般来说数据操作可分为静态操作和动态操作，静态操作是不改变操作对象特征状态的操作，如查询操作等；动态操作是改变操作对象特征状态的操作，如插入、删除、修改等。同样时空数据模型由时空数据结构、时空数据操作和时空一致性规则组成，时空数据操作同样可分为静态操作和动态操作。时空操作是时空数据模型的重要组成部分，近年来国际时态 GIS 方面的专家学者已开始这方面的研究。

3.4.4.1 时空静态操作

时空静态操作指不改变 STAO 特征的操作，包括空间静态操作(S→S)（如两个 STAO 间空间关系判断）、时态静态操作（T→T)（如两个 STAO 间时态关系判断）、属性静态操作（A→A)（如对 STAO 的属性查询）以及三者互操作（A→S、A→T、S→A、S→T、T→A、T→S)（如通过属性查询空间图形等）和联合操作，这种操作并不影响 STAO 本身的状态。

时空动态操作指改变 STAO 特征的操作，包括空间动态操作（如对 STAO 空间坐标的编辑）、时态动态操作（如对 STAO 时态取值的编辑）、属性动态操作（如对 STAO 属性值的修改）以及联合操作（包括时间空间操作、属性时间操作、空间属性操作以及时间空间属性操作）。

3.4.4.2 时空动态操作

时空动态操作是时空操作的重要组成部分，它也是有别于静态 GIS 的重要特征。Worboys(1995)从数据库的角度提出 GIS 包括 3 个基本操作，即创建（Create）、删除（Delete）、更新（Update），

其他变化过程如复制(Reproduce)、生产(Generate)、分裂(Split)、融入(Merge)、转换(Transformation)、移动(Move)、旋转(Rotate)等操作都可以通过这3种基本动态操作实现。Claramunt C(1995)等在分析地理空间对象变化过程的基础上,提出了5种基于事件的动态操作:进化(Evolution)、继承(Succession)、生产(Production)、复制(Reproduce)、传递(Transmission)。Badard从变化事件的过程及数据更新的角度出发提出了建立(Creation)、存档(Deletion)、分裂(Splitting)、融入(Merging)、聚合(Aggregation)、几何信息修改(Geometrical modification)、语义信息修改(Semantic modification)及稳定(Stability)等8种空间操作。Raza(2000,2001)等提出时空数据模型应该包括4种动态操作:建立(Create)、存档(Delete)、永久删除(Destory)和唤醒(Reincarnate)。Hornsby等研究了基于标示符的空间对象在时空数据库中存在状态的变化,他认为单个空间对象在时空数据库中包括存在(Existence)、有历史的不存在(Non-existence with history)和无历史的不存在(Non-existence without history)3种状态,单个空间对象的时空操作包括继续无历史的不存在(Continue non-existence without history)、新建(Create)、回忆(Recall)、永久删除(Destroy)、继续存在(Continue existence)、存档(Eliminate)、忘记(Forget)、唤醒(Reincarnate)、继续不存在(Continue non-existence with history)等。

在时态GIS中,一个对象可能过时了,但它还保持在数据库中,只是对该对象标记上终止时间,而不是像非时态GIS中将其从数据库中删除。在此笔者认为对于时空对象的动态操作可用建立(Create)、存档(Delete)和永久删除(Destory)等操作。在时态GIS中存档(Delete)和永久删除(Destory)操作是不同的,存档(Delete)操作只是定义被Delete对象的存在时间的终时间,即将该对象标记为非活动对象,该对象仍然保存在数据库中以供查询和

分析，永久删除（Destory）操作则将对象从数据库中彻底删除，被删除的对象将不可能被任何操作利用，该操作主要用来处理数据库中存在的错误数据和对象。在此我们不允许再生（Reincarnate）操作，而将再生（Reincarnate）操作认为是一个新对象的创建，尤其在土地管理中的地籍管理过程中，宗地被注销就是被存档（Delete），经过一段时间之后，该宗地可能被重新出让或转让，此时宗地的属性已经发生了根本变化，表现在地籍号上就是地籍号发生了变化。因此，我们将再生操作归为创建。在静态 GIS 中，创建操作的任务是创建一个新的对象或更新一个已经存在的对象，创建新对象不影响其他对象。而在 TGIS 中时空对象创建操作很复杂，每一个创建操作都可能影响到其他 STAO 对象。如在地籍管理中一个新宗地是因为规划调整导致两块宗地的合并而产生的，这样在新宗地生成时就涉及原来两宗地的合并等空间动态操作以及原来两宗地的时间动态操作。因此，TGIS 中的创建操作比静态 GIS 中创建操作更复杂，它可能要涉及已存在的 STAO 的分裂和合并操作，而且不能简单地修改 STAO 对象，而是应该将变化前的 STAO 对象的状态保存为历史数据。

§3.5 本章小结

传统的时空数据模型存在很多缺陷，本章在分析已有时空数据模型的基础上，深入研究了面向对象技术在时空数据模型建立中的应用。本章主要做了以下工作：

（1）对时空数据模型的分类进行了研究。按照模型对时间和空间的表达方式，可以将时空数据模型分为基于空间的时空数据模型、基于时间的时空数据模型和时空一体化数据模型以及时空属性集成 4 种类型；按照时间和空间集成的方法，可以将时空数据模型分为关系时空数据模型和面向对象的时空数据模型。

(2)深入分析了现有时空数据模型,指出现存的时空数据模型的缺陷。首先,地理实体语义表达的不完整,缺少对属性变化的描述。其次,时空数据模型的建立必须符合人类的认知规律,过去的工作主要集中在数据的存储管理与操作等计算机实现方面。另外,大部分数据模型是基于目前已经成型的 GIS 数据结构,无法比较完善地解决 TGIS 中的很多问题,离准确地模拟地理实体之间的时空关系还有一定距离。

(3)研究了面向对象技术的特点,指出了面向对象时空数据模型具有的优越性:①能够很好地模拟和描述地理空间中复杂的时空对象。②可以建立自然的、充分表示现实世界地理空间的概念模型。③提供了概念模型到逻辑数据模型以至物理数据模型一致的表示方法。

(4)将时间作为独立的维,进行了面向对象的时空概念模型的研究,将地理空间抽象表达为由时空属性对象(STAO)组成,指出 STAO 是空间类、时态类、属性类的聚合,深入分析了空间类、时态类、属性类以及时空对象类等的构成,并用 UML 表达了各个类之间的关系,形成了面向对象的时空属性概念模型(OOSTACM);并从概念层次对时空对象的约束条件和操作进行了分析,指出在 TGIS 中的动态操作可分为建立(Create)、存档(Delete)和永久删除(Destory)等。

第 4 章　面向对象的地籍时空属性概念模型

土地作为一种自然体,具有发生与发展的过程,具有时间的特征,某一时间的土地特征只是反映了某一时间的特定状况。原因在于,地表水热条件、地貌过程、土壤和动植物群落等都是随时间而变化的。同时,由于植物和微生物的生长、发育和死亡,土壤的冻结与融化,河水的泛滥,土地淹没,土壤水分状况,土壤营养元素的积聚和流失等无不带有季节变化的特点,结果导致土地的性质也呈现季节性变化。另一方面,土地作为一种社会综合体,它随着人类的社会活动而不断地发生变化,如土地利用方式、土地产权的转移。对土地随时间变化的数据进行管理和分析具有很重要的意义,如地籍历史数据能完整地描述某一时间段的土地权属和利用状况;通过记录宗地的来龙去脉,为解决土地权属纠纷、确定土地产权提供准确的法律依据;通过对地籍历史数据的分析,能够预测未来土地利用需求趋势,为政府决策提供帮助。

随着我国土地使用权制度的改革,土地资产成为我国最大的国有资产,目前城市土地交易量日益频繁,即使一个中等规模的城市,每天土地产权交易平均都可达几十宗,存储并使用这些与日俱增的大量数据对土地信息系统(LIS)的时空数据管理功能是一个巨大的挑战(严泰来,2002)。土地信息系统(LIS)是包含土地数据的 GIS,是 GIS 在土地管理中的具体应用,它不仅需要管理土地的现势数据,而且需要存储土地的历史数据。

本章首先探讨土地及土地管理、地籍及地籍的时态性等有关概念,然后在第 2 章和第 3 章的基础上结合土地管理的具体应用——地籍管理对时空数据模型进行研究，利用面向对象的思想分析了地籍领域中存在的各个对象，结合地籍领域的具体特点，扩展第 3 章提出的面向对象的时空属性概念模型，形成了面向对象的地籍时空属性概念模型，最后，深入分析了地籍管理中宗地等要素随时间变化的特点，为实现地籍时空数据的管理提供技术支持。

§4.1 土地和土地管理

4.1.1 土地及其属性

关于土地的定义，历来就有争议。通常人们把土地称为地面，即地球表层的陆地部分，包括内陆水域和滩涂。而从生态学和地学的观点，土地是自然经济的综合体，即是由气候、地貌、岩石、土壤、植被、水文、基础地质以及人类活动的种种结果组成的土地生态系统；从经济学的观点来看，土地是资源、生产资料和资产。1972 年在荷兰的瓦格宁根（Wageningen）召开的关于农村土地质量评价的专家会议上，提出："土地包含地球特定地域表面及其以上和以下的大气、土壤及基础地质、水文和植被，它还包含这一地域范围内过去和目前人类活动的种种结果，以及动物就它们对目前和未来利用土地所施加的重要影响。"这一论点被 1976 年联合国粮农组织编写的《土地评价纲要》所采纳。

土地作为人类生存和生产的场所，具有空间属性、自然属性、经济属性、权能属性和时间属性。

4.1.1.1 土地的空间特性

土地的空间特性是指任意一块土地存在于地理空间中的特定位置、具有一定的形状和面积，有时还包括体积。要统一描述地块的位置、形状和面积，必须建立空间参考系，在空间参考系的基础上通过地籍调查、土地详查和地籍测绘等完成。土地的空间信息在土地信息中占据着十分重要的地位,它是其他土地信息的基础和依托。

4.1.1.2 土地的自然属性

土地的自然属性是指一块土地的地形、地质、土壤、水体、植被、矿藏和气候等自然要素的性质。反映土地自然属性的信息主要依靠多方面的社会调查和历史资料的搜集来获取。

4.1.1.3 土地的经济属性

土地经济属性通过土地的经济特性表现出来。土地的经济特性是以土地的空间特性与自然要素为基础和前提的,离开了土地空间特性和自然要素,土地的经济特性就无从谈起。土地的经济特性是从经济学的角度来研究土地作为资源和资产在全部社会经济活动中表现出来的一般性规律。

4.1.1.4 土地的权能属性

土地的权能属性是指反映土地所有权、使用权、租赁权、抵押权等的属性。土地是人类重要的生产和生活资料,在人类社会发展的各个时期,它总要采取一定的所有制形式。在现阶段,我国由各级政府的土地管理部门对土地进行统一的管理。

4.1.1.5 土地的时间属性

作为资源和资产,土地的自然属性、经济属性和权能属性都在随时间变化而发生着变化,这就是土地的时间特性。土地随时间的变化可分为两类:自然变化和人工变化。自然变化属于自然因素导致的土地特征的变化,土地的自然要素不是一成不变的,由于自然力和人类活动的影响,它们也在不断地变化着,比如平整土地、开挖沟渠、植树造林、修建道路等活动,都会引起土地自然因素的变化,有些是积极的,有些则是消极的,有些变化很慢,如土地的沙漠化等,有些则变化很快,如地震、泥石流等变化。人工变化指由于人类对土地管理的需要而导致土地的某些特征的变化,如地籍管理中由于土地交易导致的土地权利人的变化,这种变化一般属于短期变化。总之,土地作为人类生存和生产的场所,其空间属性、自然属性、经济属性和权能属性等都在随时间而发生着变化。

4.1.2 土地管理

土地管理是指国家综合运用行政、经济、法律、技术等手段，为维护土地所有制，调整土地关系，合理组织土地利用，而进行的计划、组织、指挥、协调、控制等综合性活动。土地管理的主体是国家，客体是土地以及土地利用中产生的人与人、人与地、地与地之间的关系。土地管理的目的是维护土地所有制、调整土地关系和合理组织土地利用。目标是不断提高土地利用的生态效益、经济效益和社会效益，以满足社会日益增长的需求。

科技的进步和发展以及社会活动和经济生活的复杂性使得信息技术已经是土地管理工作不可缺少的部分。在“Land Administration Guidelines”中，联合国欧洲经济委员会（UN-ECE）把土地管理定义为：制定土地管理政策，决定、记录、分发土地信息的过程，它包括土地登记、地籍测绘、多用途地籍和土地信息系统。可见土地信息系统已经成为土地管理工作中的重要组成部分。我国已经在《土地管理法》中明确指出要建立土地信息系统。

4.1.3 土地信息系统

土地信息系统的研究对象是土地信息。对土地信息系统的定义，一直没有统一的认识，主要存在以下观点：

(1)1981 年国际测量师联合会（FIG）对土地信息系统的定义是：“土地信息系统是辅助法律、行政和经济决策的工具，也是规划和研究的辅助设备。土地信息系统既包含某一特定地区的土地相关信息数据库，也包含收集、更新、处理和传播数据的技术与方法。土地信息系统的基础是统一的空间坐标系，用以建立系统内部数据与其他相关数据的联系。”

(2) 土地信息系统（LIS）是包含土地数据的 GIS（Deuker,

Kjerne,1989),它不仅需要管理土地的现势数据,而且需要存储土地的历史数据。Michael N. DeMers 将土地信息系统看做地理信息系统的一个分支,将地理信息系统分为土地信息系统和非土地信息系统(Michael N. DeMers,2000)。

(3)朱德海在《土地管理信息系统》一书中认为:土地管理信息系统又称土地信息系统,是管理信息系统的一个分支,它是以土地资源与资产管理为工作对象的计算机信息系统。它的主要任务是将遥感、地面测绘、土地调查以及历年保存的文档中得到的关于土地利用、土地权属、土地行政区划等有关土地的信息输入计算机,利用计算机快速、便捷、存储量大的优点实现对信息的分类、检索、排序、统计、分析、综合等,并根据专家的经验和国家的法规、政策以及土地管理的工作模式,在确认土地使用权属、土地分等定级估价、土地利用规划、土地利用动态监测、建设用地划拨、调解土地纠纷与法规监察等方面协助完成土地管理的工作任务(朱德海,2002)。土地管理信息系统的空间分析部分的功能模块只是地理信息系统一小部分的功能,但是它带有更多的管理系统的特点,强调土地管理工作的需要,从土地管理工作的实际出发,按照实际的工作流程、土地管理要求和数据、表册、图件的格式安排功能模块。

通过以上概念的比较,我们发现土地信息系统的定义的分歧在于它的理论基础是地理信息系统还是管理信息系统。我们首先看一下地理信息系统与一般管理信息系统的区别。GIS 与一般管理信息系统的最大区别是地理信息系统在分析处理问题中使用了空间数据与属性数据,并通过数据库管理系统将两者联系在一起共同管理、分析和应用;而管理信息系统则只有属性数据库的管理,即使存储了图形也不能进行空间数据的操作,如空间查询、检索、相邻分析等,更无法进行复杂的空间分析(陈述彭,2000)。

在土地信息系统中,虽然包含了大量的属性信息,如权利人信息、土地利用类型、土地价格信息、发证时间等,但所有这些信息都是与土地的空间位置有关的,而且在土地信息系统对土地信息管理的过程中,我们常常用到地理信息系统中的空间分析功能。因此,我们认为土地信息系统是地理信息系统的一个分支,但是因为土地信息系统是为土地管理服务的,因此土地信息系统不可避免地又有管理信息系统的性质。

综上所述,狭义上,土地信息系统就是土地管理信息系统,是综合运用地理信息系统和管理信息系统,对人类在土地利用过程中产生的土地数据进行采集、存储、检索、分析和管理的信息系统。而广义上,土地信息系统就是地理信息系统,它是研究人类居住空间的信息系统,这也就是在国外 GIS 也常称做 LIS 的原因。

§4.2 地籍与地籍信息

4.2.1 地籍及其功能

地籍是记载土地位置、界址、数量、质量、权属和用途(地类)的基本状况的图簿册。地籍的图簿册中,图主要是指宗地图和地籍图,宗地图的空间集合构成地籍图;簿是指土地登记簿,是由土地登记卡的集合构成的;册是指土地归户册,由土地归户卡的集合构成。土地归户卡记录同一土地使用者(或所有者)使用(或所有)的全部土地数量、分布及其他状况,具体为其所使用(或所有)的宗地情况。土地登记卡以宗地为单位记录土地所有权和使用权状况。土地质量是采用分等定级的方式确定。地籍管理的功能较为复杂,主要的日常业务是进行各种土地登记,以确定宗地的权属关系。土地登记包括设定登记、变更登记、他项权利登记等。土地登记的过程需要对宗地的所有信息进行处理,包括宗地所在的空间位置、宗地基本属性、宗地的权利人信息、宗地权属关系的变化信息等。此外,地籍管理还应该为土地利用、土地规划以及其他部门的应用提供帮助。

为使地籍能全面应用,地籍信息应完整覆盖全部国土或一个区域,详细记载每块土地及其附着物的基本情况,包括权属、数量、质量及其空间分布情况等。它不但为实现土地的经济价值、保护土地所有者或使用者的合法权益服务,还为政府部门制定土地开发利用计划、经济发展目标、土地管理政策、环境保护政策、深化土地使用制度的改革等宏观决策提供基础资料和科学依据。在西方发达国家,地籍给政府机关、组织和个人提供规划与管理方面的多种直接信息或间接信息,成为国家上层建筑的重要组成部分。

4.2.1.1 地理性功能

地籍所包含的地籍图形集合相关的几何数据,不但精确表达了某一地块(或宗地)和建筑物的位置、面积、质量和权属界线的空间关系,而且还精确而完整地表达了所有地块和建筑物、构筑物之间在空间上的相互关系,地籍所具有的能提供地块空间关系的能力,称之为地理性功能,这种功能是实现地籍多用途(多目的)的主要根源。

4.2.1.2 经济功能

利用地籍提供的土地及其附着物的质量评价数据和图形信息,结合国家和地方的有关法律法规,使地块及其建筑物的评估更加合理,为有偿出让和转让等以土地为主题的经济活动提供准确、可靠的资料,能公正地征收税费,可洞察房地产市场以防投机,有助于经济的稳定。

4.2.1.3 产权保护功能

由于土地本身具有占有和使用的关系,尤其地籍调查和管理是国家政策支持下的行政行为,所形成的地籍信息具有法律性、精确性、现势性等特征,因而使地籍能为在以土地及其附着物为主题的产权活动中提供图形、数据和法律依据,从而避免了较多的财产纠纷,保证了良好的社会秩序。

4.2.1.4 土地利用规划功能

为各类土地利用规划(包括土地利用总体规划、村镇规划、城市规划等)提供基础资料,使土地利用规划与地块的权属和利用状况密切地结合在一起,不但加快了规划编制速度,而且使规划编制更加科学、切合实际、容易实施,并且使规划的实施成本大大降低。

4.2.1.5 决策功能

这里所指的决策是指国家政府部门制定土地政策,进行土地使用制度改革等方面的决策,也包括国家政府部门对经济发展、环境保护、人类生存等方面的决策以及个人或组织投资等方面的决策。地籍信息的运用为宏观分析决策提供多要素、多层次、多时态的信息,使决策更加科学,从而使地籍真正成为国家上层建筑。德国、荷兰等发达国家的地籍管理已为此做出贡献。上述规划功能、经济功能、产权保护功能中其实都包含决策的成分。

4.2.1.6 社会管理功能

由于地籍存在地理性功能的原因,在公安、消防、邮政等以土地及其附着物为研究对象的研究和管理部门都可充分利用地籍资料,为它们提供资料服务或决策服务。

由此可见,地籍信息在社会生活和经济生活中具有不可估量的作用,研究和管理地籍信息具有非常重要的意义。地籍信息系统就是针对地籍管理的计算机系统,它是土地信息系统的重要组成部分,是地理信息系统技术在地籍管理中的应用。地籍信息系统是一个在计算机和现代技术支持下,以“宗地”为核心实体,实现地籍信息的输入、储存、检索、处理、综合分析、辅助决策以及结果输出的信息系统。

4.2.2 地籍信息及其时态特征

土地既是资源,又是生产资料,它在社会发展过程中会形成价值,有可计算的价格,在现实社会中表现为土地的各种税费和地价。土地是资产，自然就会形成土地被占有、使用的权利及其他各种权利，在现实社会中表现为土地的产权。土地有了价值、价格及其权利，那么它就可以像其他商品一样可以交易，就会形成地产交易市场，也就存在土地的管理和利用问题。

在社会的发展过程中，人们为了高效、科学、有序地利用土地，发挥土地应有的潜力，就必须建立法律，运用科学技术对土地进行科学的规划和有效的管理。为此我们首先应充分了解土地，以一定的方式对土地的基本要素（如土地权利、位置、数量、质量、利用现状等要素）进行描述，并把这些要素记载下来，管理并充分运用它，为土地的合理利用打好基础。这些以土地为对象进行基本描述和记载的内容，我们称之为地籍，这也是地籍最原始的含义。

一个区域的土地被占有、使用等原因分割成具有边界的、在空间上连续的许多块土地。在实际工作中，地籍的内涵之一就是以土地的空间位置为依托，对每一块土地具有的自然属性、社会属性（包括法律属性和经济属性）进行准确的描述和记录，所得到的信息称之为地籍信息。图 4-1 表达了土地与地籍的关系。

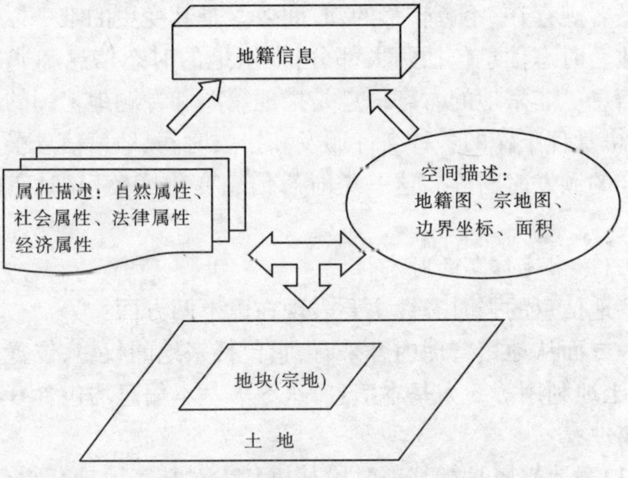

图 4-1 地籍信息与土地的关系

地籍信息可以给政府机关、组织和个人提供规划与管理方面的多种直接信息或间接信息，是国家上层建筑的重要组成部分（杜海平，1999）。但是以前对地籍信息的研究是不完整的，缺乏地籍信息的时间信息，尤其是在地籍信息系统中。通过对地籍历史信息的分析我们可以获得过去某一时刻的土地权属和利用状况，可以评价过去土地政策的正确性，可以获得将来土地利用的趋势，可以辅助决策者根据过去的土地信息进行决策，可以检查现有数据质量和完整性（Varna R, 1989）。因此，地籍信息系统必须能够描述地籍信息随时间变化的特征，地籍信息系统是典型的 TGIS。

时态性是地籍生命力的表现。所谓地籍时态信息是指完整、连续地记录宗地的空间和属性关系演变的时间信息的集合。地籍信息是空间信息、属性信息和时间信息的统一。地籍信息的初始时间来源于第一次记录，为了维护地籍信息的现势性，实现时间上连续的、空间和属性上完整的继承，随时要进行地籍变更调查，将所有变化都作完整的记录，如宗地的产生和消亡的时间、宗地存在时的空间位置关系以及宗地在不同时刻的属性状态。因此，地籍变更是客观存在、不可转移的，时间要素是其变更的唯一标识。

地籍时态信息包括两大部分，即宗地的时态信息和非宗地的时态信息。非宗地的时态信息是指地籍图和专题地籍图的制作时间、地籍管理工作的各种文件颁发和接收时间、地籍信息采集的各类标准的颁发时间等。这一类时态信息变化比较慢，时态性不显著。

4.2.2.1 宗地信息的时态性

宗地信息的强时态性主要表现在以下两方面：

一方面从地籍管理内容来看，它包括宗地的权属、位置、数量、质量、土地利用等 5 大基本信息，这 5 大基本信息均包含有较强的时态属性：

(1)宗地权属是指某一时段某权利人对某宗地具有所有权（使

用权)。其中就包含有权利人对宗地的拥有所有(使用)权的时间。

(2)宗地位置记载的是土地的空间属性。地籍空间属性的变更过程体现了宗地位置随时间的变更过程。

(3)宗地数量属性的时态性体现在土地统计方面:不同的时刻各类用地的数量不同。

(4)宗地质量信息表现的是某时间段内,某宗地的质量等级,不同的时间由于自然过程和人为因素的影响可能导致土地质量等级的改变。

(5)宗地利用信息的时态性表现在同一宗地在不同的时刻有不同的土地利用类型。

另一方面从地籍管理的本质来看,它是一个产权和产籍的管理,这种产权是以土地及其附着物(宗地)作为权利客体的物权。根据不动产权法的规定,不动产物权的取得、变更和废止是需要经过登记确认的,而且宗地的登记是一种程序权利登记,也就是顺位登记,指在对同一不动产客体上承担的多个性质的物权,按先后顺序进行登记。因此,时间既是作为顺位登记序列的体现,同时也是对宗地物权持有时间的限制。

4.2.2.2 宗地时态信息的内容

宗地中的时态信息主要是指宗地信息中与时间相关的信息。从地籍管理的内容及其业务过程来看,其中存在以下时间。

(1)宗地总体信息的获取时间。土地调查是为清查土地的数量、质量、分布、权属状况而进行的调查。它是地籍管理的一项重要的基础性工作,其主要内容是土地权属调查和地籍测量。相应就有土地权属调查时间和地籍测量时间信息,这些都是地籍管理的事件时间,体现了地籍的现势性,同时它也是地籍档案的组成部分。

(2)宗地质量信息的时间属性。土地分等定级是利用等和级两个层次来刻划土地质量、区位等自然社会条件的差异。土地估价则是在土地分等定级的基础上,对单个宗地进行的土地质量的评定。在这里时间就是影响其评价结果的一个重要的因素，不同的时间由于自然和人为的作用及土地市场的波动都会对土地的价格产生影响。其中就包含有土地分等定级时间和估价时间，土地估价时间又包括估价日期、估价期日及估价结果有效期等，这些时间共同标识着对某宗地的质量评估结果的可靠性。

(3)宗地登记时间。土地登记是依照法定的程序，对土地的所有权（使用权、他项权）进行申报、审核、批准、注册登记并核发证书的法律过程。在这一过程中就存在土地的申请时间、土地初审时间、审核及批准时间、发证时间及土地出让（转让）合同签订时间等时间信息，这些时间信息共同来标识土地物权的顺位登记序列，缺一则不为一合法的土地登记过程，相应的确权过程不成立，产权不合法。

若存在他项权利登记则有他项权利登记时间，如抵押期限、抵押日期、租赁日期、租赁期限、查封日期等。同样地，它们是他项权利登记的时间记载决定着他项权利的有效状态。

(4)宗地其他时间。除了以上地籍管理过程中形成的时间外，还存在一些宗地固有的时间属性和用户自定义时间。如土地的使用期限（它是针对权利人对土地物权的最长持有时间的界定），地籍档案的登记入库时间等。

另外，为实现地籍变更及历史查询和未来一定年期的土地利用预测，在设计具体的时空数据模型时还存在对地籍实体（宗地、界址点和权利人等）的变更标识时间，即时态 GIS 中的有效时间的概念。

§4.3　地籍对象

地籍数据具有显著的空间特征、丰富的属性、强烈的时态性。产权和用途是土地最基本的两个属性。土地管理本质是围绕土地产权和用途两个方面进行的。而地籍管理则以产权管理为核心，同时兼顾用途管理。如表 4-1 所示为我国地籍管理中涉及的表格，这些表格说明了地籍管理中涉及的各项内容，通过对这些表格的分析可以看出地籍管理主要处理宗地和权利人之间的关系。表 4-2表达了地籍管理中各项表格的信息内涵。

表 4-1　地籍管理中常见表格及其内容

土地使用权登记申请表的内容	土地使用者、通信地址、邮编、单位性质、主管部门、联系人、电话、土地登记类别、土地坐落、地号、权属性质、土地证书号、土地用途、土地使用权面积(独自使用权面积和共用分摊面积)、建筑面积、建筑容积率、建筑类型、建筑占地面积、建筑物密度、建筑物权属、家庭人口、标定地价等
土地使用权登记审批表的内容	土地使用者、地号、土地坐落、土地用途、权属性质、使用期限、图号、土地使用权面积(独自使用权面积和共用分摊面积)、土地等级、土地地价、建筑面积、建筑容积率、建筑类型、建筑占地面积、建筑物密度、建筑物权属等
土地登记卡的内容	地号、图号、宗地面积、用途、土地坐落、权属性质、权利人、单位性质、通信地址、使用权类型、使用期限、家庭人口、土地证号、归户卡号、建筑面积、建筑容积率、建筑类型、建筑占地面积、建筑物密度、建筑物权属、土地等级、土地地价等
归户卡的内容	权利人、单位性质、通信地址、邮编、序号、日期、地号、坐落、权属性质、用途、面积、经办人等
地籍调查表的内容	界址点号、界址点种类、界址间距、界址线类别、界址线位置、邻宗地的地籍号、指界人等

按照面向对象的观点，地籍领域是由大量的空间对象(如宗

地、界址点等)和非空间对象(如权利人、土地证书、土地登记卡、土地归户卡等)组成。整个地籍专题空间对象可以分为面状地籍单

表 4-2　地籍管理中常见的用户表格及其信息内涵分析

表格类型名称	信息主体	核心信息内涵
土地登记卡	宗地	宗地基本信息;宗地的所有土地证书信息
归户卡	权利人	权利人基本信息;权利人的所有土地证书信息
土地证书	土地权属关系	权利人主体和宗地客体信息
地籍调查表	宗地	宗地的空间信息
土地登记审批表	土地权属关系	权利申请人基本信息;宗地基本信息;申请权属依据
宗地图	宗地	宗地图形信息;宗地四至关系

元、线状地籍单元和点状地籍单元 3 个大类。面状地籍单元包括行政区、地籍区(街道或乡镇)、地籍子区(街坊或村)、宗地等,线状地籍单元包括街坊界线、宗地界址线等,点状地籍单元包括界址点、注记等。在空间对象中,宗地对象由界址点对象和界址线对象构成。而宗地对象又是组成一个地籍子区对象的基础,地籍子区对象是组成地籍区对象以及行政区对象的基础。图 4-2 为区、街坊、宗地的关系示意图。因此,宗地对象、界址线对象和界址点对象是最基本的地籍空间实体。传统上,在地籍信息系统中经常用地籍单元概念来表达地籍空间对象,地籍单元是用来描述地籍管理的主要信息单元,具有单位性和结构层次性。各地籍单元由同级地籍单元实体和地籍单元属性共同进行描述。地籍单元实体是用来对地籍单元进行整体标示、空间定位和制图表达的图形数据集合;地籍单元属性也是数据集合,用来描述地籍单元除空间定位和制图表达外的标示、质量和数量特征。地籍单元实体标示码和地籍单元属性标示码必须一致(柯正谊,1999)。

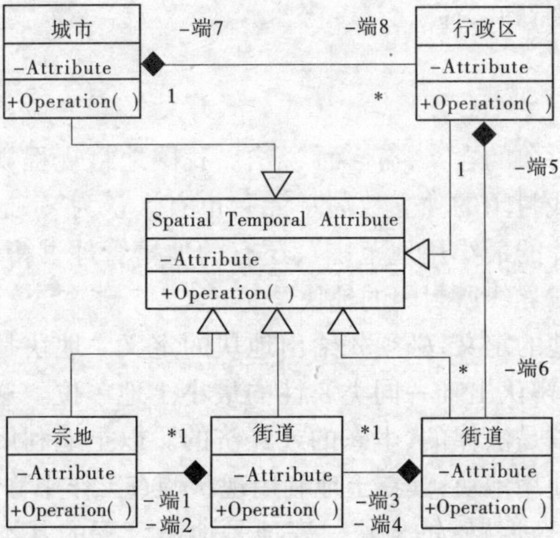

图 4-2　区、街坊、宗地的关系

4.3.1　地籍调查区(区、街道、街坊)

为便于土地分级管理,一般需要在城镇范围内划分出各级调查区。在中国,为便于管理一般与行政管理系统结合在一起进行划分,一个城镇的行政区划可以分为区、街道两级。

土地管理部门在街道下面参照道路网和水网划分出地籍街坊。地籍街坊通常和由河流、道路等围成的自然街坊一致,当自然街坊太大时,需要在同一个自然街坊划分为多个地籍街坊。一般划分时尽量采用小路、小巷和围墙等永久地物作为界线。由于历史原因,我国许多城市的行政区划界限缺乏统一完整的调查数据。而作为土地管理,面积汇总控制是很重要的内容。

地籍调查区(区、街道、街坊)严格意义上说是时空属性对象(STAO),它具有空间、属性和时间特征,空间描述地籍调查区的形状和空间位置,属性描述它的代码、名称和面积,时间表示它的生命周期。但是,由于它的变化不是很经常,在实际的系统实现时，我们忽略其时间特征。

4.3.2 宗地

关于宗地对象的含义，有多种说法。我国地籍规程规定："宗地是由权属界线封闭的独立权属单元"，也有人认为"宗地是同一权属主相连成片的最小用地范围"，还有的地籍管理书籍认为"宗地是被同一权属界线所封闭的地块"。

要阐述宗地的定义，必须先给出地块的定义。地块是一个连续的区域，并可辨认出唯一同类属性的最小土地单位。这里所说的同类属性可以是法律的、生态的或经济的。以土地利用类别表达的地块称为使用地块，其在土地利用现状调查工作中称为图斑。宗地实际上是一种特殊的地块。宗地是地籍管理的基本空间单元，具有固定的位置和明确的边界，可同时辨认出确定的类别、质量和时态等土地基本要素的最小地块。宗地在空间上表现为一个具有封闭边界的多边形。

宗地在空间上具有如下特点：

(1)宗地首先是一个地块，其在空间上必须是连续的，在空间上隔离的宗地即使属于同一个权利人，也应划分为不同的宗地。

(2)宗地是一个投影平面上的多边形，如果一个宗地内建筑物不同楼层属于不同的权利人，或者土地利用类别不同，由于其平面投影仍然对应着相同的地块，所以不可能划分出不同的宗地，应作同一宗地处理。这样的宗地称为共用宗地(具有多个权利人共同分摊的宗地)，或者属于混合宗地(同一块宗地具有不同的用途)。

(3)宗地具有自己完整的边界系统，宗地边界系统由界址线围成，界址点是宗地边界的拐点。

宗地号是宗地对象的表示特征，每个宗地都有唯一的宗地号，宗地号的唯一性表现在空间上和时间上两个方面，同一个地籍信息系统中不允许任何两个宗地使用同一个宗地号，这是宗地号在空间上的唯一性。如因宗地分割、合并等变更行为产生新的宗地，就必须赋予其新的地籍号，原有宗地号将注销作为历史保存。这是宗地号在时间上唯一性的表现。关于宗地随时间的变化，后文将详细地论述。

在地籍管理中，宗地对象的编号是按照下式来编制的：

宗地号＝街坊编号＋宗地主号＋宗地变更支号

宗地是地籍信息的基本载体，是地籍管理中流动的重要信息，是地籍管理的基本单位。宗地既具有空间属性，又具有非空间属性。例如：宗地的形状、大小、地理坐标等构成宗地的空间属性，而宗地的权属、用途、产权状况等构成宗地的非空间属性。宗地是地籍信息的最小载体和关键实体。土地上的每一项开发利用活动或建设活动，都在相应的宗地上留下了"痕迹"。建筑物和构筑物在宗地上留下了有形的实物，可以用位置、层数、面积、结构等要素来描述它；房地产交易标的物，无论几易其主，它所依附的宗地的空间位置是不变的。

随着经济的发展和建设规模的扩大，土地的数量、质量及其空间分布状态和使用状况等信息是会发生变化的，日常地籍工作就必须反映这个变化，以满足地籍现势性的要求，具体表现为宗地的位置、界址、权属、利用类别、质量等信息的变化。若干宗地信息的变化（小的变化）的积累就可以全面反映土地及其附着物信息总的变化（大的变化）。

按照面向对象的观点，宗地是时空属性对象（STAO），它的空间部分描述宗地的形状和位置，属性表达宗地具有的属性特征，时间特征表达宗地的生命周期。

4.3.3 界址点和界址线

边界在地籍中具有特殊的地位，这是土地的自然特性和人类对土地占有使用的结果。地籍中共有 5 类边界类型：行政边界、地籍区(街道)和地籍子区(街坊)边界、权属边界、宗地边界。

边界按照管理可分为普通边界和法律边界两类。普通边界是自然的或人造的边界要素,我国的行政边界大都属于这一类。法律边界是在普通边界的基础上,获取测量数据,通过法律程序予以承认的边界要素。

界址点就是边界或界线的拐点,凡是土地权属界的专职连接点都是界址点,在地籍测绘中用以确定土地权属界地面位置。在界址点设置的标志即是界标,设置界标是地籍管理工作中权属调查的一项重要内容。界标是确定土地权属界线的依据以及界址点坐标的来源。界址点坐标是特定坐标系用测量技术获取的一组坐标数据,其既是确定宗地空间位置和范围的依据,又是量算宗地面积的基础数据。

界址点的编号通常有两种方式:一种是在街坊内统一编号,这种方法的缺点主要是在对位于街坊界线上的界址点处理起来比较麻烦;另一种方法是按照坐标系的公里网格进行编号,该方式的缺点是不能反映界址线和其他地籍单元的关系。

界址线是指相邻界址点的连线。宗地界址线属于法律边界,其一般以人造的边界要素或自然边界要素为界线。人造的边界要素主要指界标,自然边界要素主要指一些固定的、明显的地物如围墙、栅栏、道路中心线等。

界址线的编号也有两种:一种是利用界址线在宗地边界中的序号,另一种是利用组成界址线的界址点号组合起来编号。

界址点和界址线是时空属性对象(STAO),它具有空间、属性和时间特征,空间描述界址点和界址线的形状和空间位置,属性描述它的编号、类型等信息,时间表示它的生命周期。

4.3.4 权利人对象

权利人是土地产权的主体,在我国凡是享有法人资格的个人或单位都可以是权利人。城镇地籍信息系统管理的土地主要是城镇土地。我国城镇土地所有权属于国家,但是土地的使用权可以出让、转让、租赁,因此单位和个人可以获得土地的使用权或他项权利。

传统的地籍信息系统往往不重视权利人的研究,一般是将其作为宗地的一个属性,而权利人在地籍管理中既是土地的产权主体,又是土地登记时的申请客户,为了完成土地的产权管理,需要记录大量权利人相关的信息,例如制作权利人的归户卡,需要查询权利人所有的土地产权信息。这些都表明将权利人作为一个独立对象是必要的。

权利人除了是宗地的属性外,还有自身的属性。在归户卡中,权利人还具有单位性质、通信地址、邮编等基本属性,当一个宗地被注销时,作为该宗地的权利人也被注销。但该权利人仍可能作为其他宗地的土地使用者存在。一个宗地的权利人可能是一个或多个,权利人代码一般采用权利人个人或其法人代表的身份证号码来表示,因此是唯一的标识。

由于宗地具有权利人属性,因此权利人也不可避免地具有宗地对象属性。权利人对象是非空间对象,属 Attribute Class,它和宗地对象之间是多对多的关系,一个权利人可以拥有多块宗地的使用权,一块宗地也可以有多个权利人。

4.3.5 土地证书对象

土地证书是权利人对具体宗地拥有产权的法律凭证。土地产权证书对象实际是权利人对宗地形成的关系实体。TGIS 中包含 3 种数据:事件、状态和证据。土地证书就是标志宗地变化的证据。

土地产权又称为地权,是指以土地作为财产客体的各种权利的总和,它包括对土地的所有权以及构成所有权权限的各项其他权利,如使用权、收益权、处分权、地上权和地役权等。在我国,由于城镇土地都属国家所有，因此城镇地籍管理中的土地产权主要指使用权、他项权利。

国有土地使用权是指政府依法将土地按照一定协议限制，确认赋予单位或个人使用、收益、抵押、出租、转让等处置权利。他项权利是减损或限制原权利人对其地产的权利。国有土地使用权的获得或变更必须经过土地登记确认。

从产权类型看，土地产权证书对象可分为土地所有权证书、土地使用权证书以及他项权利证书等类型。土地产权证书是记载权利人对宗地的权力的限制信息。

土地产权证书的标识一般用证书号来进行，我国实行的地籍管理制度一般采用“地区简称 + 权属性质标识 + 公元纪年 + 登记类型 + 序号”作为证书号。

§4.4 面向对象的地籍时空属性概念模型

地籍是国家监管的，以土地权属为核心，以地块为基础的土地及其附着物的权属、位置、数量、质量和利用现状等土地基本信息的集合。图 4-3 为土地登记关系图。地籍的定义回答了关于土地的 5 大基本问题：①土地是“谁的”，具体指权利人或权属主与土地及其附着物之间的法律关系。②土地在“哪里”，具体指土地的空间位置，一般用数据（坐标）和文字（门牌号码）等进行描述。③土地有多少，具体指对土地的量的描述，如土地面积、土地的价值或价格。④土地的取得发生在“什么时候”，即时态问题。⑤土地“怎么样”，怎样取得这些权利的，对土地是怎样利用的，目前的状况如何等。

地籍管理的主要业务是进行土地的各项登记，进而确定各宗地的权属关系。土地登记的客体就是宗地，宗地是进行地籍管理的基本单位。根据 4.3 节的分析，我们可知在地籍领域中主要存在有地籍调查区（区、街道、街坊）、宗地、界址点、界址线、权利人等对象。

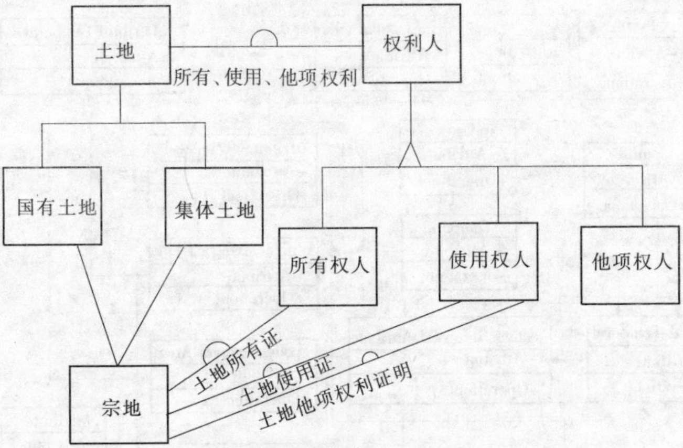

图 4-3　土地登记关系图

结合面向对象的时空概念模型以及关于地籍对象的分析可形成以下概念模型,如图 4-4 所示。街坊、街道、宗地、界址点、界址线都是 Spatial Temporal Attribute 的子类,权利人是 Attribute 的子类。

§4.5　地籍变更事件

TGIS 中应该包含状态、事件和证据 3 类数据,事件引起地理实体从一个状态转化为另一个状态,描述了变化发生的原因。在地籍管理中,地籍数据在社会和经济生活中不断发生变化,在我国引起地籍变更的主要因素有:

(1)土地征用:根据城市建设需要,将集体土地征为国有,从而引起宗地信息的改变,如土地所有权性质从集体改变为国有,宗地界限也可能发生改变。在地籍信息系统中表现为生成新的宗地。

(2)用地审批:正常的土地出让、收回或国有土地成片开发引起宗地变更,产生新的宗地信息。在系统中表现为宗地的分割、合并、界址调整,复杂变更或权利人、土地用途等变化。

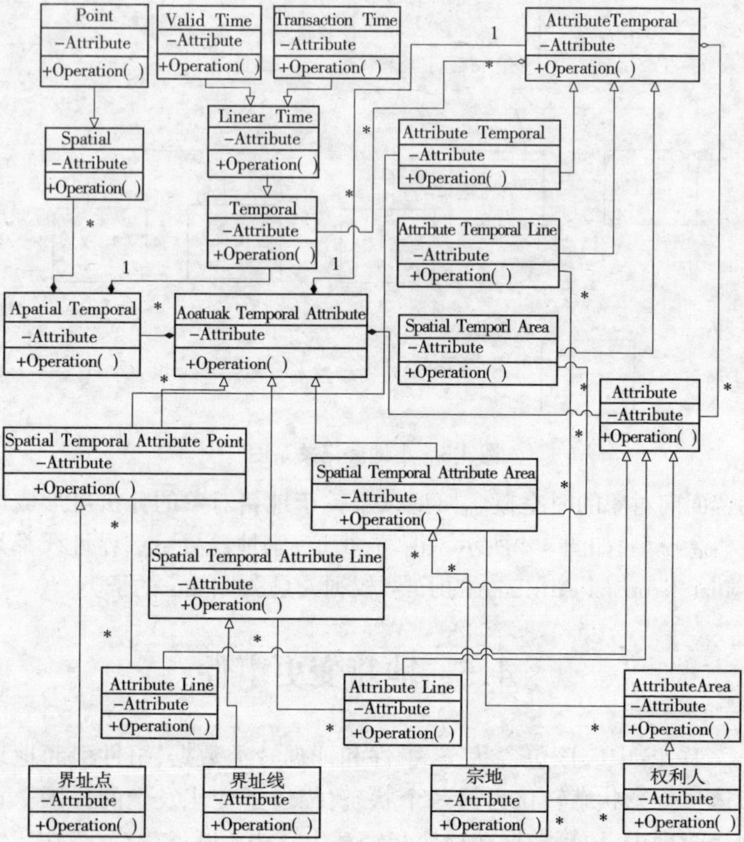

图 4-4　面向对象的地籍时空属性概念模型

(3)产权登记:产权发证中初始登记、变更登记或转移登记,引起宗地的分割、合并及权利人等变化。

(4)土地监察:非法占地经过处理后,引起宗地变更。

(5)地形修测:原始用地类型变化后,地形修测反馈的宗地变更。

(6)市政规划:市政工程建设竣工验收后引起宗地变更(如道

路修成会形成新的宗地并引起相邻宗地的变更)。

(7)其他:其他专业的与宗地有关的信息,引起宗地信息变更。

以上事件引起地籍变更,在实际的系统实现中,应该能够记录变更的事件,来反映变更的原因。

§4.6 地籍对象时空变化

宗地是一个时空属性对象(STAO),具有空间、时间和属性特征。其空间特征通过空间类定义,时态特征通过有效时间和事务时间标记,属性通过面积、位置、用途、权利人等描述。每个对象具有唯一 ID,时空对象的操作有生成、灭失、删除等。

按照变化的内容划分,宗地随时间的变化主要可分为 3 种:空间变化、属性变化和空间属性同时变化。其中空间变化又可分为分割、合并、宗地界址调整和复杂变更。属性变化主要是权利人、用地性质和用途的改变,它不是宗地的本质变化,空间变化意味着旧宗地的灭失和新宗地的产生,是宗地的本质变化,这种变化具体表现为宗地号的改变,它标志着新宗地生命周期的开始和旧宗地生命周期的结束。

4.6.1 空间变化

4.6.1.1 宗地分割

宗地分割是指一块宗地分割为多个宗地的情况。宗地分割的情形可分为 3 类情形:

(1)宗地在原有界址点的基础上连线进行分割,这种情况不产生新的界址点;

(2)部分是原有界址点,部分是新增界址点;

(3)全部都是新增界址点。如图 4-5 所示。

宗地分割导致原宗地变为历史宗地,成为新宗地的父宗地,新

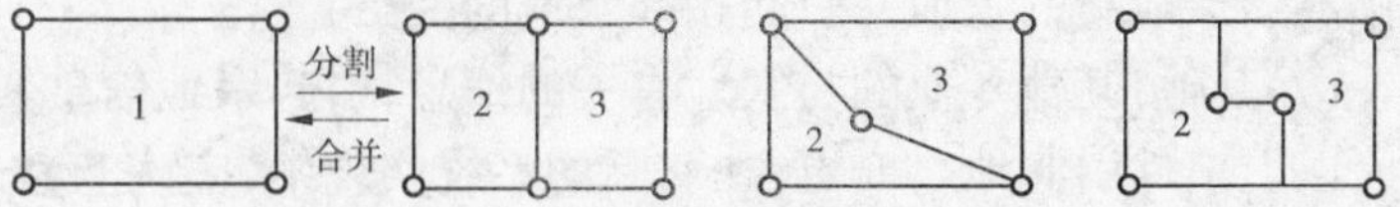

图 4-5　宗地分割与合并

宗地则为原宗地的子宗地。在这种情况下，父宗地具有两个以上的子宗地。如图 4-5 所示，2 和 3 的父宗地为 1，1 的子宗地为 2 和 3。

4.6.1.2　宗地合并

宗地合并是宗地分割的逆过程，即宗地合并是多块宗地合并为一块宗地的过程。宗地进行合并后，参与合并的宗地成为历史宗地，是新宗地的父宗地，新宗地则为参与合并宗地的子宗地。在这种情况下，子宗地具有两个以上的父宗地。如图 4-5 所示，2 和 3 为宗地 1 的父宗地。

4.6.1.3　宗地界址调整

界址调整一般是宗地权属关系没有发生变化，只是宗地部分界址线和界址点发生了调整，如图 4-6 所示就是界址调整的两种情形。(a)为界址点的移动，(b)为界址点的增加。调整边界前的宗地为父宗地，调整边界后的宗地为子宗地。如图 4-6 所示，1 和 2 为父宗地，3 和 4 为子宗地。此时子宗地和父宗地是多对多的关系。

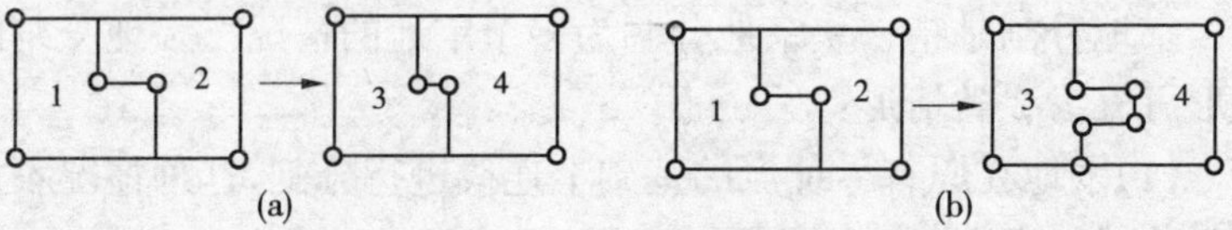

图 4-6　界址调整

4.6.1.4　复杂变更

在城市建设中存在着一次性进行旧城改造成片开发的情况，

这时会将很多旧的宗地变成新的宗地。这种一次变更过程中多块宗地参与变更,部分宗地分割出一部分与其他宗地进行组合生成一块或多块宗地的情况,称为宗地的复杂变更。复杂变更是宗地合并和分割的综合。如图 4-7 所示,宗地复杂变更就是先将宗地1、2、3 合并,然后再将其分割为 1′、2′、3′三块宗地。此时子宗地和父宗地是多对多的关系。复杂变更可看做是合并和分割的组合操作。

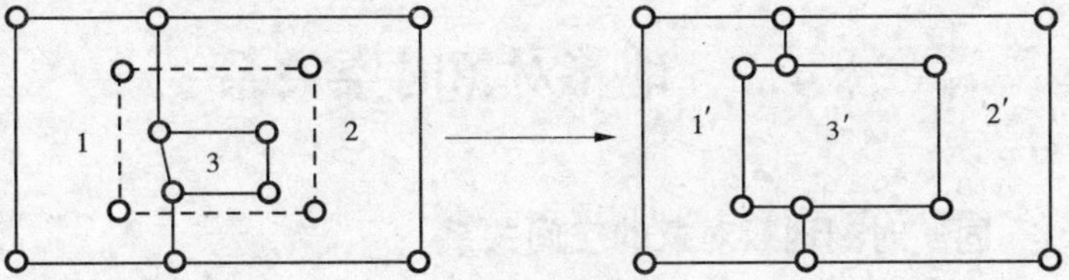

图 4-7　复杂变更

4.6.1.5　新宗地产生

这种是指宗地的产生,该宗地无父宗地。这里主要指集体土地通过征用而转为国有土地,或者是原来已经收回的国有土地重新出让的情况。

4.6.2　属性变化

宗地的属性很多,如地籍号、土地坐落、土地使用者、法定代表人或户主的姓名和身份证号码、用途、批准使用权限、面积等,这些属性对该宗地的基本情况进行了说明。按宗地属性随时间变化的情况,可以将其分为静态属性和动态属性。

4.6.2.1　静态属性

静态属性的属性值在宗地的生存期不发生任何变化。在地籍管理中,宗地的生存期同空间信息有关。因此,地号、图号、土地坐落、面积和批准使用期限是宗地的静态属性。

对静态属性不进行时间标记，认为它们的时间标记和它们所属宗地的存在时间相同。

4.6.2.2 动态属性

动态属性是随时间变化的属性，如土地使用者、土地用途等。

宗地的空间变化为本质变化，空间变化导致旧宗地的灭失和新宗地的产生，属性变化为宗地的非本质变化，它的变化不引起宗地的本质变化，不产生一个新的宗地，表现为宗地号不变。

§4.7 地籍对象时空关系

4.7.1 同一时刻地籍对象的空间关系

地籍对象属于时空对象(STAO)，具有空间特征、属性特征和时间特征。时空对象之间存在一定的空间关系和时间关系，我们首先探讨给定时刻 T 情况下，地籍空间对象之间的关系，为地籍时空操作提供理论基础。

空间关系的描述与操作是空间关系理论的重要内容。Egenhofer 等以点集拓扑理论为基础，提出 9 交模型进行空间关系的描述与操作。点与点之间的关系主要是相离和重合，线与线之间主要是邻接、相交、相离、包含和重合等关系，面与面之间也存在着邻接、相交、相离、包含和重合等关系，点与线的相交和包含关系是等同的，同时还有邻接和相离的关系，点与面之间的邻接和相交是等同的，同时还有相离和包含关系；线与面之间存在邻接、相交、相离、包含等关系。

宗地、界址线、界址点相互之间的空间关系在满足普通空间点、线、面的特点的基础上，有自己独特的特点。地籍空间实体的变更都是以宗地变更为中心进行的。宗地发生变更的同时，界址线、界址点及其相互关系也会发生相应的变更。宗地变更在满足空间实体拓扑变化基本特点的基础上,有自己独特的特点,其中一个很重要的原则就是"土地面积守恒原则",也就是参与变更的宗地的面积必须等于经过变更产生的新宗地的面积之和。

首先,面状地籍实体必须满足剖分关系。即多个面状实体之间拼合而形成完整地面,其中任何两相邻面状实体之间既无缝隙,也不交叠。这是因为,一方面,从面状地籍实体的连续性知道,面状地籍实体间既不存在缝隙也不存在交叠。另一方面,从土地面积来说,土地面积既不能被重复计算,也不能少计算。因此,不应该存在交叠和缝隙。其次,宗地由 3 条以上界址线组成,直线界址线由两个界址点连线而成,弧状界址线由 3 个界址点生成,界址点只能是宗地界址线上的结点。

因此,地籍空间对象之间存在如下关系:

(1)宗地和宗地之间必须是平铺的,既不能有交叉、重叠的关系,也不能存在缝隙;

(2)任一个界址点必定是至少两条同一宗地的界址线的邻接点,当界址点是 3 条或 3 条以上界址线的邻接点时,则该界址点是至少两个宗地的界址点;

(3)界址点不能在宗地之内;

(4)界址线之间不能有交叉的关系;

(5)任何界址线的左右多边形不同;

(6)没有孤立存在的宗地、界址线、界址点,三者是相伴出现的;

(7)宗地与界址线的关系为一对多的关系,一个多边形至少由 3 条界址线构成。

4.7.2 不同时刻地籍对象的时空关系

宗地是不断发生变更的,按照 TGIS 理论,在地籍变更过程中产生的历史数据都不应该被永久删除(destory),而应该被打上时间标记(Time－stamped)存储起来，即进行归档(delete)操作，而新产生的数据也应该被打上时间标记存储起来。在存储这些历史数据的同时我们必须存储这些历史数据同现势数据之间的关系，不同时刻的宗地对象之间应该存在一种什么样的关系呢？根据2.7.3节分析可知，时间上无关的时空对象在空间上没有关系，另外，在地籍管理中主要管理宗地对象，因此在这里我们重点讨论在父子宗地之间存在的时空关系。

4.7.2.1 父子宗地具有空间相交性

不同时期的宗地如果不考虑其时间特点，则其在空间上也主要有邻接、相交、相离、包含和重合等关系，而父子宗地则具有空间相交性。我们可以通过前面所述的宗地的几种变更方式中得到这个性质。

(1)宗地分割。如图4-5所示，宗地1发生分割操作，产生宗地2、3。2、3宗地的父宗地为1，如果不考虑其时间特点，2、3宗地同宗地1在空间上相交。

(2)宗地合并。如图4-5所示，宗地2、3合并为宗地1，宗地2、3为宗地1的父宗地，如果不考虑其时间特点，2、3宗地在空间上同宗地1相交。

(3)宗地界址调整。如图4-6所示发生界址调整，宗地3的父宗地是宗地1，宗地4的父宗地是宗地2，它们在空间上具有相交性。

(4)复杂变更。对于复杂变更，情况较为复杂。复杂变更可以分解为分裂和合并两种操作。如图4-7所示发生复杂变更，可以将其分解为宗地1、2、3首先发生合并，然后再分割为宗地1′、2′、3′。宗地1′的父宗地是宗地1，宗地2′的父宗地是宗地2，宗地3′的父宗地是宗地1、2、3，它们在空间上具有相交性。

(5)纯属性变更。纯属性变更是指权属性质等信息发生变化但空间形状不变而导致的宗地的变化，此时，宗地的空间形状不发生变化，而仅仅是属性发生变化，因此变化前后的宗地空间上同形。所以可以说变化前后宗地在空间上相交。

因此，我们说在地籍变更的过程中，新的宗地对象产生，旧的宗地对象灭失，父子宗地之间具有空间相交性。

4.7.2.2 父子宗地具有时间相接性

宗地是时空属性对象(STAO)，根据 TGIS 的观点，每个对象都有其诞生和消亡的时间。在地籍变更过程中，父宗地参与变更，被变为历史宗地，同时，子宗地生成。理论上在现实世界中，子宗地产生的时间就是父宗地消亡的时间，这里的时间指有效时间。但是，由于地籍管理的复杂性，经常出现这种情况：旧宗地已经注销，而新宗地则可能经过一天或几天甚至更长才进行登记，此时，若采用有效时间则子宗地产生的时间并不等于父宗地消亡的时间。而若采用事务时间，则旧宗地参与变更的时间即子宗地产生的时间，此时父子宗地之间具有时间相接性。

综上所述，地籍的核心是宗地，宗地之间存在着多种空间关系和时间关系。不同时期的宗地之间可能存在着父子关系，存在父子关系的宗地之间具有空间上相交和时间上相接的特点；而同一时期的宗地之间存在着空间上不相交和时间上相交的关系，这些关系在地籍信息查询、分析及地籍数据更新时都有着重要的作用。

§4.8 本章小结

土地作为资源和资产都具有随时间变化的特征，土地管理需要管理这种时间特征。本章深入研究了土地管理中地籍管理的时间特征，结合前文提出的通用的面向对象的时空属性概念模型以及地籍领域的具体特点，形成了面向对象的地籍时空属性概念模型。本章的主要工作总结如下：

(1)分析了土地及土地管理的有关概念，指出了土地的各种属性,尤其详细论述了土地的时间特征,澄清了土地信息系统的概念,指出狭义的土地信息系统就是土地管理信息系统,广义的土地信息系统就是地理信息系统;分析了地籍及地籍的时态特征,重点分析了宗地的时态特征。

(2)利用面向对象的方法分析了地籍领域中存在的各个对象,指出地籍领域中存在大量的空间对象和非空间对象。在此基础上,扩展了通用的面向对象的时空属性概念模型(OOSTACM),将其应用到地籍领域中形成了面向对象的地籍时空属性概念模型(OOCSTACM)。

(3)分析了导致地籍变更的各种事件语义,深入分析了地籍领域中宗地变更的空间变化、属性变化的各种情况,指出宗地的本质变化是空间变化,属性变化是宗地的非本质变化。深入分析了宗地、界址点、界址线之间的时空关系,指出父子宗地之间具有时间相接性和空间相交性的特点。

第 5 章　地籍时空逻辑数据模型的设计

第 4 章利用面向对象的方法针对地籍管理领域中存在的对象进行了分析，在通用的时空属性概念模型（OOSTACM）的基础上扩展，形成了面向对象的地籍时空属性概念模型（OOCSTACM），并深入分析了宗地的时空变化特点。概念数据模型表达了信息结构如对象的类型及其之间的相互关系，而逻辑数据模型表达了对象在数据库中的组织方式及其关系，本章将在概念模型基础上进行时空逻辑数据模型的设计。

§5.1　逻辑数据模型

逻辑数据模型是概念模型在数据库中的组织方式，是数据建模的第二层次，它和具体的数据库管理系统（DBMS）有关。选择关系型数据库进行数据管理，逻辑数据模型将基于关系模式进行设计。因此，数据库管理系统的选择是逻辑数据模型设计的起点。

逻辑数据模型主要有网络、层次或关系数据模型。网络模型和层次模型已经过时，目前关系数据模型应用的最广泛。近年来随着面向对象技术的出现，许多人试图采用面向对象技术来实现逻辑数据模型。面向对象技术包含了网络和层次的概念，非常适合于时空数据的建模，然而这种方法的最终实现仍然有很多工作要做。近年来，在概念模型向逻辑模型的映射中，对象—关系方法已经成为令人关注的方法，而且对象—关系方法已经成功应用在空间数据建模中。

5.1.1 关系数据模型

关系数据模型(Relational Data Model,RDM)按照表或关系表达数据,关系数据库就是基于关系数据模型建立的,一个关系就是一个二维的数据表。自从 Codd 于 1970 年提出关系型数据库以来,关系型数据库就一直是数据库管理系统的主流。关系型数据库简单先进,它包含一个或多个关系表,每个关系是包含数据行和属性列的表。关系模式不允许非原子值和重复的列,所有的值存储在元组和列相交处,表和表之间联系的唯一方式是外键。并不是所有的表的都是关系表,关系表具有如下特征:①每一个条目都是单原子值;②一个表是由行和列组成的;③行的次序是任意的;④列的次序是任意的,每一个表必须有一个主关键字。

关系模型的最大优点是查询功能,这来源于关系代数,关系代数包含一组操作(如联合、相交等)作用于关系表上以产生其他关系,这种查询能力和操作构成了 SQL 的基础。纯关系模型不适合于许多应用(如 CAD、CAM、CASE、GIS 等),因为它难以表达复杂的数据模型和对象间的关系。

5.1.2 面向对象数据模型

面向对象的数据库就是集成了面向对象的特点和数据库功能的数据库(Khoshafian,1993)。许多面向对象的概念已经成功地运用在编程语言中(如 C++、smalltalk、Java 等),面向对象数据库的特征之一就是运用了面向对象的概念,面向对象允许更加直接地表达现实世界,它主要基于 3 个概念:抽象数据类型(Abstract Data Type,ADT)或类、继承和对象标示(OID)。如前所述,面向对象方法封装了数据结构和操作,数据库功能保证了数据的一致性和共享性,因此面向对象数据库可定义如下:

OO 数据库 = 面向对象 + 数据库功能

=（ADT + Inheritance + Object Indentity）
+ Persistence + Concurrency + Recovery
+ Querying + Versioning + integrity
+ Securuty + Performance）

5.1.2.1 纯面向对象模型

发展 OO 数据库的一个主要目的是解决编程语言系统和关系数据库系统之间的阻抗失配（impedance mismatch）问题（Carey, Dewitt,1996）。随着面向对象的思想发展起来的 OODB,同关系数据库相比有很多的优点：

（1）引入对象和类的概念。使得 OODB 能够清楚有效地描述现实世界中事物的分类,理解和管理各类信息数据,从而使 OODB 的语义表达能力较 RDBMS 强的多。

（2）增加管理数据内在动态联系的能力。OODB 不仅管理对象的状态,还可以管理对象的行为,这是 RDBMS 所不具备的管理数据内在动态联系（即抽象数据）的能力,在把这些抽象类型数据向 OODB 存储的过程中,其抽象特性能被完整保存,所以,OODB 的结构与行为是统一的、相关联的。这一特点又使得 OODB 具有表达知识的能力,具有演绎和推理功能,这也是 OODB 能够提供决策信息的原因。

（3）OODB 提供一组预定义类型,支持非常复杂的数据类型。所提供的这些预定义类型可以扩展,用户可以自定义系统没有的新数据类型。这些新的类型数据与系统原有的类型数据在系统级上具有完全相同的操作方式,从而减少用户编程量,减少网络通信开销,保证数据的一致性。

（4）不存在语言失配。OODB 语言的基础是面向对象程序设计语言（OOP）,是面向单个数据操作。因此,OODB 语言的编程模式和类型表示方法与指令式编程语言一致,不存在语言失配问题。而关系数据库的标准语言 SQL 却与实现关系数据库应用系统的高级程序语言之间存在着“非过程化、面向集合”与“过程化、面向单个数据”的不匹配,需要花大量工夫实现两者之间的相互转换。

纯面向对象的数据库也并非十全十美,而它的缺点正好是关系数据库的强项,由于模型较为复杂,而且缺乏数学基础,使得很多系统管理功能难以实现(如权限管理),也不具备 SQL 语言处理集合数据的强大能力等,大部分 OODBMS 具有以下缺点:

(1) 缺少查询工具;

(2) 不支持授权认证;

(3) 不允许动态改变数据库模式;

(4) 缺少锁定功能(Kim,1995),尤其是缺少查询工具——查询优化和索引的建立——导致了面向查询应用问题的出现。

5.1.2.2 对象—关系模型(Object-Relational Data Model)

关系模型具有形式基础,研究者和实践者都已认可这种理论和应用。虽然有些专家试图形式化对象关系模型的基础(如 Date 和 Darwen,1998),但在这个领域仍然没有明确的标准出现(Muller,2002)。尽管缺乏标准,对象关系模型的某些特点已经应用到关系数据库中。对象关系模型的广义定义可以是“具有面向对象扩展的关系数据模型”。

对象关系数据库实际上是关系数据库(RDB)和面向对象的数据库(OODB)这两者的一种折中方案,或者说是关系数据库和面向对象的数据库不断融合的结果。通过扩充改进关系数据库的某些功能,使其支持面向对象的数据模型,并在应用界面上可以查询非结构化数据,这就是“对象关系数据库”(如 ORACLE 8i、DB2-5 以上等都是这种系统)。其主要改进包括允许添加新的用户定义的抽象数据类型(Abstract Data Types, ADTs),支持自定义类型(User-Defined Type, UDT),另外加入了面向对象编程语言的方法,继承(目前仅 DB2-6 支持)等特征。对象关系数据库继承了关系数据库和面向对象数据库两者的优点,已经成为目前数据库发展的主流。

目前,基于对象—关系的空间数据模型已经出现,本章将扩展对象—关系空间数据模型实现地籍时空数据组织。

§5.2 时空逻辑数据模型设计的有关问题

5.2.1 概念模型的映射

第4章针对地籍领域的特点,采用面向对象的思想形成了地籍时空属性概念模型,如何将对象概念模型转换为表的形式是建立系统必须考虑的问题。概念模型是一种以形式化或半形式化语言表达的、某一领域现象的近似表达(Thanasis Hadzilacos 和 Nectaria Tryfona,1996)。从计算机系统的角度看,它是抽象的最高层次。逻辑数据模型是系统对时空数据表示的逻辑结构,由概念模型转换而来,主要描述系统中数据的结构、数据操作以及数据操作的完整性问题。概念模型转换为对象关系模型的步骤如下(George J.F. etc,2004):

(1)类的转化。一个对象类可以转化为一个对象关系。类的标识符转化为对象关系的主键,类的其他属性转化为对象关系的非主键属性。

(2)关系的转化。类图中的关系可以在关系数据库中通过外键或通过参照(即指针)表达。本章将采用外键的方法。

(3)对象关系的规范化。通过步骤(1)、(2)形成的对象关系可能存在冗余,因此须通过规范化使其结构化。

(4)融合对象关系。将相同类的不同对象关系进行融合,并重新规范化消除其冗余。这一步骤在本章中不涉及,因为本书的概念模型中不存在同一个类的不同表达。

从概念模型到逻辑模型的映射的方法并不是唯一的,例如:有两种方法可将一对多的关联映射到表，有 4 种方法映射概化(Rumbaugh，1991)，在构造逻辑数据模型时，应该选择合适的方法。

由于 RDBMS 是以二维表为基本管理单元的，所以对象模型最终是由二维表及表间关系来描述的。换言之，对象模型向数据库概念模型的映射就是向数据库表的变换过程。有关的变换规则简单归纳如下：

(1)一个对象类可以映射为一个以上的表，当类间有一对多的关系时，一个表也可以对应多个类。

(2)关系(一对一、一对多、多对多以及三项关系)的映射可能有多种情况，但一般映射为一个表，也可以在对象类表间定义相应的外键。对于条件关系的映射，一个表至少应有 3 个属性。

(3)单一继承的泛化关系可以对超类、子类分别映射表，也可以不定义父类表而让子类表拥有父类属性；反之，也可以不定义子类表而让父类表拥有全部子类属性。

(4)对多重继承的超类和子类分别映射表，对多次多重继承的泛化关系也映射一个表。

(5)对映射后的库表进行冗余控制调整，使其达到合理的关系范式。

5.2.2 设计原则

数据模型具有面向客观现实、面向计算机实现、面向应用要求的特点。结合计算机理论和时空数据模型的特点，一个合理的时空逻辑数据模型必须考虑以下几方面的因素：

(1)节省存储空间，降低冗余存储，便于数据一致性维护。如减少空间公共边、时间不变数据的存储，保证多边形和时变对象的逻辑一致性。

(2)加快存取速度。模型的设计兼顾用户的应用需求，折衷考虑数据的空间内聚性和时间内聚性来恰当选取时间标记对象粒度(变化归档粒度),区别对待全局状态快速提取和局部变化快速发现等应用需求,将频繁使用和较少使用的数据分开放置。

(3)表现时空语义。其中时空语义包括地理实体的空间结构、有效时间结构、空间关系、时态关系、地理事件和时空关系等。

(4)便于计算机实现。这里应该注意两个问题:①慎用外键。RDBMS支持复杂关系的能力很强,外键能使许多独立的实体相关联,不仅使RDBMS维持数据一致性负担沉重,也使数据库应用复杂化,加重了程序开发负担;导致数据库很难理解。②适当冗余。要注意减少冗余和计算机实现之间的关系。减少冗余的设计思路源于20世纪70年代,是硬件主导时代的产物,现在已进入软件主导时代。因此,最易理解、开发量最少、维护最简单的数据库结构才是最好的。

§5.3 地籍时空逻辑数据模型

时空逻辑数据模型的实现通常有两种方法:一种是扩展现有的空间数据库模型,使之具有时态管理功能;二是一体化的时空数据模型。第一种方法又称为“双重结构(Dual-archititeture)”(Van Oosterom,1993),其中Gail Langran(1992)、Yuan(1994)、Peuquet(1994)、Claramunt和Theriault(1995)、陈军(1997)和Raza(1998)等对这种类型的数据模型进行了研究。第二种方法是通用的时空数据模型,它将时间作为等同于空间的一维来处理,关于这种数据模型的研究主要有Pigot和Hazelton(1992)、Worboys(1994)、龚健雅(1997)、舒红(1997)、Ale Raza(2000)、曹志月(2002)等。

目前,仍没有真正的时空数据库系统出现,扩展空间数据模型来管理时空数据是建立逻辑数据模型的一种行之有效的方法。本章将结合扩展的时空复合模型基于对象—关系空间数据库来探讨地籍逻辑时空数据模型的设计。

5.3.1 空间数据模型

空间数据模型的发展可分为四代:基于文件的空间数据模型、混合型的空间数据模型、对象—关系空间数据模型和面向对象的空间数据模型。

第一代是基于文件的空间数据模型(见图 5-1)。这种系统结构简单,便于操作,但提供的功能非常有限,数据定义的可能性和改进能力都很少。多用于小型的 GIS 系统。

第二代是混合型的空间数据模型,即用传统的数据库系统(通常是关系数据库)来管理地理实体的非空间数据部分,而以文件方式来管理空间数据部分,两者通过系统关键字来联系(见图 5-2)。这种模型实现简单,但由于数据分离,导致整个系统的效率较低。这种结构曾经被绝大多数 GIS 系统采用。

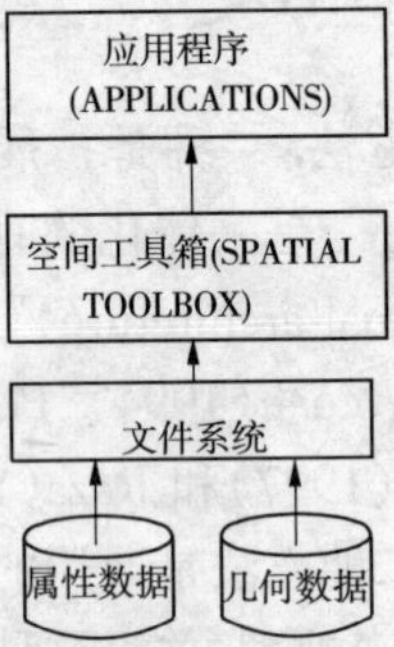

图 5-1 第一代体系结构

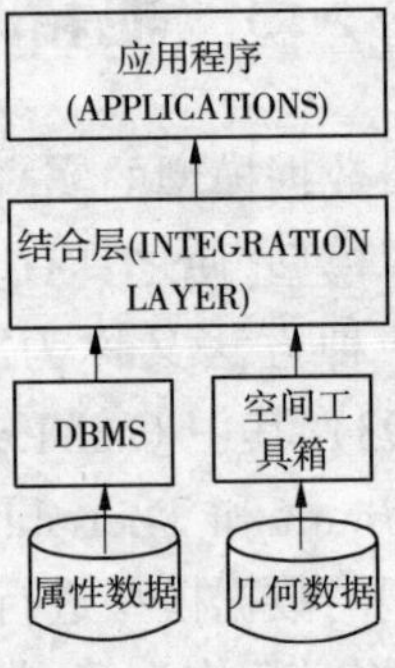

图 5-2 第二代体系结构

对象—关系空间数据模型是在同一个数据库系统中管理空间的和非空间的数据(见图 5-3),将几何数据以对象的形式(例如长二进制数据)实现为非结构数据存储在数据库中。该数据模型提供了面向用户的一个单一概念模型,通常派生于关系模型。它利用 RDBMS 的管理机制保证了数据一致性、安全性、并发控制和事务管理,可以很好地同其他的系统集成。

面向对象的空间数据模型是未来空间数据模型的发展方向(见图 5-4)。它将空间数据和非空间数据封装在一起,由对象数据库统一管理。但目前尚没有基于面向对象空间数据模型的商业化 GIS 出现。

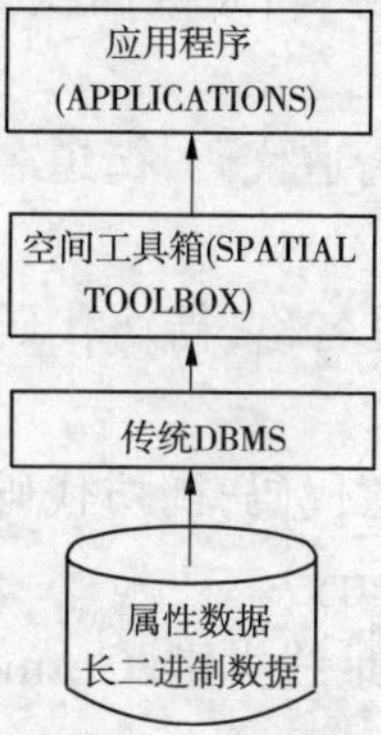

图 5-3　第三代体系结构

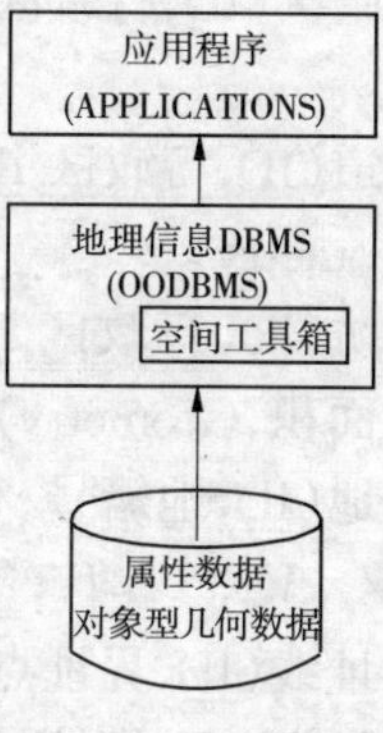

图 5-4　第四代体系结构

5.3.2　基于空间数据库的地籍时空数据组织

地籍时空逻辑数据模型作为地籍时空数据模型的第二次抽象,在兼顾时空模型的共有要求之外,还必须考虑地籍领域的具体特点。

5.3.2.1　时间和空间的集成

如 3.1 节所述,时间和空间的集成有两种方法:一是把时间作为地理实体的属性,二是把时间作为空间实体的维来处理。在此,采用第一种方法,把时间作为地理实体的一个属性,这种方法其实就是地理实体的时间标记问题。常用的时间标记有 3 种方法:空间数据库时间标记、地理实体时间标记与空间单元时间标记。本章采用地理实体的时间标记。

5.3.2.2 扩展的地籍时空复合模型

行政区、街道、街坊是时空属性对象(STAO),将其映射为关系表行政区表、街道表、街坊表。在此,考虑到行政区、街道、街坊的变化不很频繁,忽略了其时态特征。根据5.2.2节的设计原则,按照5.2.1节的步骤和方法,将类转化为对象关系,可得出如下表的结构:

(1)行政区(ID,行政区代码,行政区名称,行政区面积,Geometry)

(2)街道(ID,行政区ID,行政区名称,街道代码,街道名称,街道面积,Geometry)

(3)街坊(ID,行政区ID,街道ID,街道名称,街坊代码,街坊名称,街坊面积,Geometry)

(4)宗地(ID,地籍号,行政区代码,街道代码,街坊代码,宗地号,……,V_s,V_e,T_s,T_e,父宗地ID,Geometry)

(5)界址线(ID,界址点ID,宗地ID,界址线类别,Geometry)

(6)界址点(ID,街坊号,界标类别,Geometry)

(7)权利人(ID,权利人名称,单位性质……)

(8)宗地权利人关系(ID,宗地ID,权利人ID)

其中,单下划线(如ID)为表的主键,双下划线(如宗地ID)为表的外键,Geometry表达时空属性对象的几何对象,V_s、V_e、T_s、T_e分别表示有效时间的开始时间、有效时间的终止时间、事务时间的开始时间和事务时间的终止时间。

以上的逻辑模型将现状宗地和历史宗地统一存储在一个表中,V_e、T_e为空表示该宗地为现势数据,V_e、T_e不为空则表示该宗地为历史数据,通过父宗地ID来记录现状宗地和历史宗地的关系。而在实际的地籍管理中,人们最关注的往往是现势数据,以上结构将历史数据和现势数据统一到一个表中,在对数据的操作、显示上带来了不便。

陈军(1995)建议通过定义活动和不活动的时态对象来扩展时空复合模型(Extended Space-Time Composite Model,ESTC)。扩展时空复合模型以一个时间片开始,包括现状层和历史层。扩展时空复合中的任何一个时态对象都是地籍管理中曾经存在的一个宗地,现状层反映了当前宗地的状态,历史层保存所有曾经存在但已经注销的宗地信息。本章利用此思想将现势信息统一保存到现势库中,历史信息保存到历史库中。如图 5-5 所示。现势库的现势信息包括宗地、界址点、界址线、控制点及其他地形信息的现势情况。现势库的历史信息包括宗地、界址点、界址线、控制点及其他地形信息的历史情况,但除了宗地之外其他的信息继承关系没有记录。按照以上思想,宗地在现势库和历史库的结构可表达为:

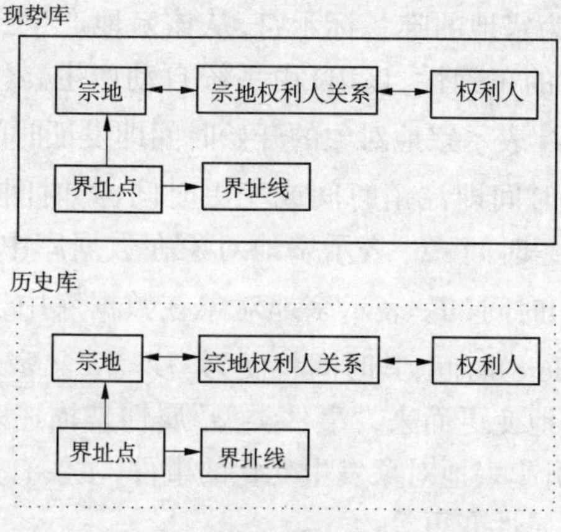

图 5-5　扩展的地籍时空复合模型

(1)宗地(ID,地籍号,行政区代码,街道代码,街坊代码,宗地号,……,V_s,T_s,父宗地 ID,Geometry)

(2)宗地(ID,地籍号,行政区代码,街道代码,街坊代码,宗地号,……,V_s,V_e,T_s,T_e,父宗地 ID,Geometry)

现势和历史宗地采用父宗地 ID 进行关联。

在DBMS中采用现势数据库保存现势数据，历史数据库保存历史数据，这种方式结构清楚，便于操作。下面详细对各个表结构进行说明。

1)宗地表、界址点表和界址线表

宗地是时空属性对象，具有空间、属性和时间特征，将宗地对象映射为宗地表，宗地的属性映射为宗地表中的各个字段，时间特征映射为宗地表的字段，几何特征映射为宗地表中的“几何特征”字段，宗地表记录宗地变化前后的情况以及变化前后宗地之间的关系、宗地的有关属性。其结构如下：

(ID,属性1,……,属性 n,Geometry,V_s,V_e,T_s,T_e,父宗地ID,事件类型)

其中，ID为宗地的唯一标示符，从该宗地产生到消亡终生不变，为保证ID的正确性，该ID由系统自动产生。(V_s,V_e)为有效时间标记，V_s 表示宗地对象的开始时间即发证时间，V_e 表示宗地对象的结束时间即注销时间或变更时间，其时间粒度为“天”；(T_s,T_e)为事务时间，T_s 表示宗地对象在数据库中产生的时间，即创建(create)时间，T_e 表示宗地对象在数据库中发生注销的时间，即归档(delete)时间，其时间粒度为“秒”。“父宗地ID”表示该宗地由哪块宗地变更而来，“事件类型”属性来描述宗地对象变化的原因，记录引起宗地对象发生变化的事件，主要有分割、合并、注销、复杂变更、属性变更等。

根据前文所述，采用扩展的时空复合模型记录宗地现势和历史信息，采用现状宗地表记录当前有效的宗地信息，采用历史宗地表记录进入历史的宗地信息，采用父宗地ID记录现状宗地和历史宗地之间的演变关系；现状库中的宗地表和历史库中的宗地表的主要结构如下：

(1)宗地(ID,地籍号,行政区代码,街道代码,街坊代码,宗地

号，……，V_s，T_s，父宗地 ID，Geometry，事件类型）

（2）宗地（ID，地籍号，行政区代码，街道代码，街坊代码，宗地号，……，V_s，V_e，T_s，T_e，父宗地 ID，Geometry，事件类型）

其中：ID 是每个宗地的唯一标识；Geometry 用来存储现状宗地的几何属性；V_s 是本宗地登记发证的时间，是宗地生命开始的时间；T_s 是该宗地入库的时间。现状宗地在产生时被赋一个唯一的 ID 号，该 ID 号从宗地产生到消亡都是唯一的、不变的。V_e 是本宗地注销时间，是宗地生命结束的时间；T_e 是将该宗地更新到历史库中的时间。事件类型为引起宗地变更的事件，在地籍管理中可分为宗地分割、宗地合并、复杂变更和纯属性变更。

界址点表是描述界址点的位置、属性的数据库表。界址点也属于时空属性对象（STAO），它随时间的变化主要是产生（Create）和归档（Delete），另外在地籍管理中对界址点的变化并不特别关注，它的变化情况可以通过宗地的变化反映出来。因此，在系统实现时不考虑界址点的时间特征。

界址线表是描述界址线的位置、属性的数据库表。界址线也属于时空属性对象（STAO），同界址点一样，在地籍管理中对界址线的变化并不特别关注，它的变化情况可以通过宗地的变化反映出来。因此，在系统实现时不考虑界址线的时间特征。

2）权利人表和宗地权利人关系表

权利人属于 Attribute Class 对象，是宗地的一个属性，可将其映射为权利人表，权利人记录对某宗地正在或曾经拥有使用权或所有权的单位或个人的信息，它和宗地具有密切的联系，宗地和权利人的关系是多对多的关系，即一个宗地可以有多个权利人，一个权利人也可以有多块宗地。权利人和宗地之间的关系可采用宗地权利人关系表记录。其主要结构如下所示：

（1）权利人（ID，权利人名称，单位性质，……）

(2)宗地权利人关系(ID,宗地 ID,权利人 ID)

其中:权利人表中 ID 为主键,宗地权利人关系表中 ID 为主键,宗地 ID 和权利人 ID 为外键,记录宗地和权利人之间的关系。

这种结构能够满足地籍管理的要求,有以下优点:

(1)更好地实现了宗地的权属管理。因为地籍管理主要是针对权属的管理,经常有针对权利人的查询等操作,尤其是在对共用宗地的管理和土地归户卡的管理方面更有必要;传统的地籍信息将权利人看做宗地的一个属性,它无法满足共用宗地的要求,即多个权利人拥有一块宗地的情况,也就是说无法解决宗地和权利人之间多对多的关系。

(2)便于对权利人信息的管理。权利人本身也具有属性,如土地使用者名称、法人代表姓名、邮政编码等。

3)其他地籍要素

宗地、界址点、界址线是地籍管理中的主要空间要素。除了上述主要的地籍要素之外,还存在行政区、街道、街坊等要素,行政区、街道、街坊属于空间要素,由于其时态特征不明显,故不考虑其时间特征。可采用以下结构:

(1)行政区(ID,行政区代码,行政区名称,行政区面积,Geometry)

(2)街道(ID,行政区 ID,行政区名称,街道代码,街道名称,街道面积,Geometry)

(3)街坊(ID,行政区 ID,街道 ID,街道名称,街坊代码,街坊名称,街坊面积,Geometry)

以上给出了地籍时空逻辑数据模型的基本表结构。

§5.4 地籍对象时空操作

时空操作包括静态操作和动态操作,同样,地籍对象时空操作也包括地籍对象时空静态操作和地籍对象时空动态操作，主要有界址点操作、界址线操作和宗地操作，这里主要研究宗地的时空操作。宗地时空静态操作主要指宗地的时空查询；宗地时空动态操作主要指宗地的建立（Create）、存档（Delete）和永久删除（Destory）等操作，根据宗地的变更业务可分为宗地生成、宗地分割、宗地合并、宗地注销和宗地复杂变更等操作。

5.4.1 宗地时空静态操作

宗地时空静态操作主要指不引起宗地特征值变化的操作，主要包括空间静态操作、属性静态操作、时态静态操作以及空间、属性和时态的联合操作。在此主要针对宗地的时态查询操作进行研究。

针对宗地随时间变化的查询即时态查询可分为：

（1）在某时刻宗地的状态；

（2）某时间段宗地的变化情况，即宗地历史回溯问题；

（3）某时刻街坊或街道范围内宗地的状态；

（4）某一时间段内某一范围内宗地的状态，对于某一时刻或某一时间段的宗地的状态的查询可通过在每个宗地对象的属性中添加时间标记，以记录宗地对象的生存时间。

根据 5.3 节提出的地籍时空逻辑数据模型，在下文针对以上几种时态查询操作进行研究。

5.4.1.1 查询某个宗地所在位置在过去某一时刻 T 的状况

这是一种常用的时态查询功能，基于上述模型可通过以下算法实现：

（1）根据父子宗地在空间上具有相交性的特点，利用空间操作符在历史宗地表中得到与指定宗地重叠或包含的对象。

（2）从以上得出的查询集中查询生命期包含时刻 T 的历史宗地。

5.4.1.2　对指定宗地的历史回溯

宗地表中的宗地 ID 记录了该宗地的父宗地即宗地变更关系，因此可以按照相反的过程回溯宗地的变更情况，并查询到历史宗地的全部信息。

(1)在宗地现状历史对应表中查出其父宗地 ID。

Select 父宗地 ID from 宗地表 Where 宗地 ID ＝ 指定宗地 ID

(2)由此查到父宗地的图形和属性信息，使用下述语法：

Select ＊ from 历史宗地表 Where 宗地 ID ＝ 父

(3)逐级回溯，可以实现指定级别的回溯，并查询出有关的全部资料(包括图形与属性数据)，并可以建立宗地的家族树。

这种方法结构简单，执行效率高，相比于乐燕芬(1996)、常征(1997)提出的地籍时空数据组织方法具有更好的性能。

5.4.1.3　某时刻 T 区域内宗地的状态

这就是快照查询，可通过以下过程实现：

(1)在现势库宗地表中查询 $V_s < T$ 的宗地；

(2)在历史库宗地表中查询 $V_s < T < V_t$ 的宗地；

(3)将以上两个查询的结果叠加可得到某时刻所有宗地的状态。

5.4.1.4　某一时间段 $[T_1, T_2]$ 内区域内宗地的状态

可通过以下算法实现：

(1)在现势库宗地表中查询发证时间 $V_s < T_2$ 的宗地；

(2)在历史库宗地表中查询发证时间 $V_s < T_2 <$ 注销时间 V_t，并且发证时间 $V_s > T_1$ 的宗地；

(3)将以上两个查询的结果叠加可得到某时刻所有宗地的状态。

5.4.2　宗地时空动态操作

地籍时空动态操作主要指宗地的建立(Create)、存档(Delete)

和永久删除(Destory)等操作,宗地的建立(Create)根据宗地的变更业务可分为:宗地生成、宗地分割、宗地合并和宗地复杂变更等操作;宗地的存档(Delete)相当于地籍变更业务中的宗地注销;永久删除(Destory)相当于非时态 GIS 中的删除操作,即将该宗地彻底从数据库中清除。

根据 5.3 节提出的地籍时空逻辑数据模型,下面针对宗地的几种动态操作的实现进行研究。

5.4.2.1 宗地生成

这种操作主要指地籍初始建库和集体土地征用的情况。其操作过程如下:

(1)空间操作:根据界址点坐标生成宗地几何图形;

(2)属性操作:将宗地属性同几何图形关联;

(3)时态操作:将发证时间 V_s 和入库时间 T_s 记录下来。

5.4.2.2 宗地分割

地籍变更的过程,就是新宗地产生、老宗地灭失的过程,地籍信息系统在记录现状宗地的同时也必须保存历史宗地。宗地分割的操作可通过如下过程实现:

(1)将原宗地的几何图形分割,形成新生成宗地的几何图形,同时记录父宗地 ID;

(2)将原宗地存档(Delete)到历史库中,并记录下该宗地的注销时间 V_e 和事务时间 T_e;

(3)将新生成宗地的属性同宗地几何图形关联,同时记录发证日期 V_s 和入库时间 T_s。

5.4.2.3 宗地合并

宗地合并是宗地分割的逆过程,可通过如下操作实现:

(1)将原宗地的几何图形合并,形成新生成宗地的几何图形,同时记录父宗地 ID;

(2)将原宗地存档(Delete)到历史库中,并记录下该宗地的注

销时间 V_e 和事务时间 T_e；

(3)将新生成宗地的属性同宗地几何图形关联，同时记录发证日期 V_s 和入库时间 T_s。

5.4.2.4 宗地注销

该操作相对简单，主要是宗地的终时间标记问题。可通过以下操作实现：将原宗地存档(Delete)到历史库中，并记录下该宗地的注销时间 V_e 和事务时间 T_e。

5.4.2.5 宗地复杂变更

这种操作比较复杂，它是宗地合并和宗地分割的联合操作，其具体变更示意参考图 4-7。

(1)将参与复杂变更的宗地的几何图形合并，同时将原宗地存档(Delete)到历史库中，并记录下宗地的注销时间 V_e 和事务时间 T_e；

(2)将合并后的宗地图形执行分割操作，形成相应宗地几何图形；

(3)进行图形和属性的关联，同时记录发证日期 V_s 和入库时间 T_s，并记录各个新生成宗地的父宗地 ID，此时，一块宗地对应多个父宗地。

§5.5 本章小结

逻辑数据模型是时空建模的第二个层次。本章在面向对象的地籍时空概念模型的基础上，针对地籍时空逻辑数据模型设计方面的有关问题进行了研究和论述，主要内容如下：

(1)本章首先阐述了逻辑模型的基本概念，指出逻辑模型的建立同具体的 DBMS 有关，逻辑模型的建立可以采用层次、网状、关系、面向对象等不同的数据模型实现；然后结合 DBMS 的发展趋势确定采用对象—关系模型来进行逻辑数据模型的组织。

(2)结合计算机理论,探讨了面向对象的概念模型向对象－关系逻辑数据模型转化的步骤及方法;然后结合时空数据的特点和计算机理论提出了时空逻辑数据模型设计的基本原则,为地籍时空逻辑模型的设计提供了标准。

(3)结合面向对象的地籍时空属性概念模型和地籍管理实际要求,采用扩展时空复合模型、基于对象—关系空间数据模型、把时间作为宗地的属性,形成了地籍时空逻辑数据模型。

(4)时空操作是数据模型的重要组成部分,地籍时空操作包括地籍时空静态操作和动态操作,最后,本章基于前文提出逻辑数据模型针对地籍时空操作进行了深入研究,保证了逻辑数据模型的完整性。

第 6 章　系统实现

第 3 章提出了面向对象的时空属性概念模型，第 4 章结合地籍管理领域的特点，提出了面向对象的地籍时空属性概念模型，第 5 章将该概念模型映射形成了逻辑数据模型，为建立 TGIS 的应用系统——时态地籍信息系统提供了模型。本章将在前面提出的数据模型的基础上，以郑州市某区的地籍数据为例进行系统的开发和实践，旨在对前面提出的数据模型进行一定程度的验证，并对时态地籍信息系统的建设进行进一步的探索。

在系统实现前，首先应该形成系统的物理数据模型。物理数据模型是数据建模的第三步，按照面向对象的分析和设计的思想，物理数据模型的设计和实现的主要内容如下(见图 6-1)：

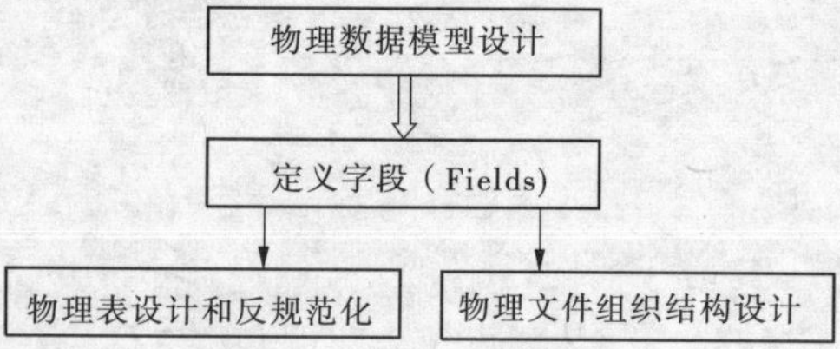

图 6-1　物理数据模型设计步骤(修改自 George J. F. etc,2004**)**

(1)定义字段：主要是将逻辑数据模型中的各属性映射为字段(Fields)。包括数据类型定义和数据完整性控制。

(2)物理表设计和反规范化(Denormalization)：规范化的目的是使表之间具有良好的关系，而物理表设计的目的是主存和二级存储的高效利用以及数据的高速处理，反规范化就是按照表的更新和访问频率以及表的行和列之间的关系密切程度把规范化的关系合并为物理表的过程。

(3)文件组织:进行时空索引的设计,实现数据的快速存取。

按照以上步骤,可以根据逻辑模型形成物理数据模型。本书主要进行了定义字段的工作,据此形成了逻辑模型在数据库中的物理表结构指导系统的实现。

§6.1 功能框架和体系结构

地籍信息系统不仅要存储和管理更新后的地籍数据,而且还要存储和管理变更以前的地籍数据(即历史地籍数据),因此说地籍信息系统是一种典型的 TGIS。历史地籍资料作为重要的档案资料,可用于土地利用变化等的统计、监测和预报,为有关部门的管理和决策提供支持数据。

6.1.1 功能框架

地籍信息具有强烈的时态性,地籍信息系统必须能够表达和管理这种时态性。现代地籍信息系统包括土地登记发证系统和地籍更新及管理系统,是 GIS 与 OA 的集成。其功能框架如图 6-2 所示。土地登记发证系统是按照一定的流程实现土地登记业务数据的传递、审批的系统,是宗地权属数据的来源。地籍更新及管理系统是以"宗地"为核心实体,实现地籍信息的输入、储存、检索、处理、综合分析、辅助决策以及结果输出的信息系统,即通常意义上的地籍信息系统。本书中的地籍信息系统一般指地籍更新及管理系统。地籍信息系统是 TGIS 在地籍管理中的具体应用,地籍信息系统不但要存储现状数据,而且还要存储历史数据,以下简要说明顾及时态的地籍信息系统的功能。

存储:能够存储不同时期的地籍数据,不仅要存储现势数据,还要保存历史数据,同时应该建立历史数据和现势数据之间的关

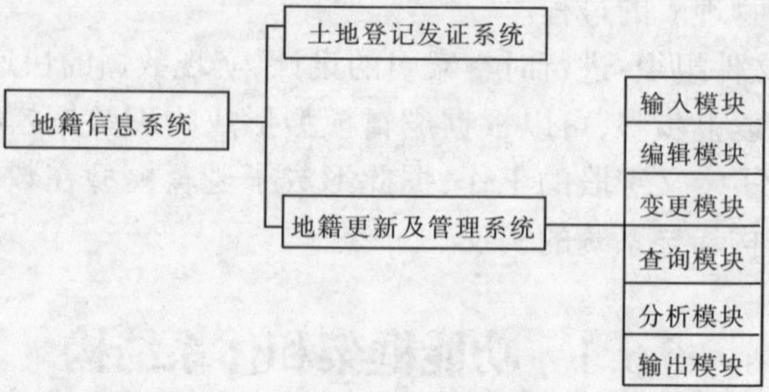

图 6-2　地籍信息系统功能结构

系。考虑到地籍管理是以宗地为核心实体进行管理的,因此系统主要考虑宗地的时态特征,对于地籍其他要素如地形要素的时态性暂不考虑。

输入:提供各种方式的数据输入功能,主要有不同格式数据的输入、外业测量数据的输入等功能。注意在这里应该区别两种不同类型的数据:①和宗地有关的数据;②地籍地形数据,这两种数据的精度要求不一致。

编辑:提供对宗地空间数据和属性数据的编辑功能,这里的编辑功能主要指对空间数据和属性数据的修改,不是对现势数据的更新,因此这个功能等同于非时态地籍信息系统中的编辑功能。

更新:提供不同方式的更新手段,主要有:宗地分割、宗地合并、界址点调整等。该功能就是实现现势数据的入库工作,同时将历史宗地保存到历史数据库中,不仅要实现使用现势数据替代历史数据,而且要在更新的过程中记录历史数据和现状数据的关系。

查询:功能不仅要提供常用的查询,如通过图形查属性、通过属性查图形等,还要提供对数据的历史查询功能,即针对宗地随时间变化的查询,又称时态查询,其主要内容有:①查询宗地在某时刻的状态;②查询宗地在某时间段的变化情况,即宗地历史回溯问题;③查询某时刻街坊或街道范围内的宗地的状态;④查询某一时间段某一范围内宗地的状态。

统计分析和输出:地籍图、宗地图、界址点成果表、土地登记卡等图表的输出。

6.1.2 体系结构

6.1.2.1 我国地籍信息系统的结构

地籍信息系统是土地信息系统的一个重要组成部分,根据我国建立地籍信息系统的总体设计方案,地籍信息系统分为4级,即县(市)级、地(市)级、省级和国家级,每一级有自己的特点和功能(宋其友,1997)。

县(市)级系统是地籍信息系统的最基层单位,信息直接反映宗地的特征,信息的构成是具体的、微观的,定位和定量要求高,图、数、文对应关系明显,相互匹配。

地(市)级系统是地籍信息系统体系中的中下层单位,它既要担负县(市)级系统的任务,又要担负中继站的任务,能将县(市)级系统送来的信息经过汇总,缩编成以县、乡为单位的较宏观的信息。

省级系统是地籍信息系统体系中的高层次单位,也是信息中继站,它管理以县市和地市为主要对象的宏观信息,对数据和图件的处理主要是汇总、缩编、分析和预测。

国家级系统是地籍信息系统体系中的最高层次,它所处理的信息主要是以省、地(市)和县(市)为对象的宏观信息,数据资料是汇总信息,图件是小比例尺(如1:50万)的,在宏观上实现定位和定量,并保持图、数、文的对应关系。本书的系统实践以地(市)级地籍信息系统的建设为目的。

4级系统构成宝塔式梯级配备,每一级土地管理部门都有许多职能部门和科室,这些职能部门都要用地籍信息系统来开展业务。这些都决定了地籍信息系统应该是一个基于网络的系统。

6.1.2.2 时态地籍信息系统的体系结构

目前主要存在客户机/服务器(Client/Server,简写为C/S)模式和浏览器/服务器(Browser/Server,简写为B/S)两种网络结构。

C/S结构适合大型土地工程项目的建设要求,曾经成为应用最为广泛的系统结构。但是C/S结构在多数据库、用户数量多情况下显得力不从心,而且在安全控制方面也存在缺陷。相比较而言,B/S结构通过将业务逻辑层与客户端的分离增加了安全性,与数据库的分离则增加了系统的可重用性。

从易用性和安全性等方面考虑,应该选择B/S结构。但是由于地籍数据库的更新和维护的复杂性,可采用B/S和C/S混合结构,即地籍更新及管理系统采用C/S结构;业务办公自动化如土地登记系统采用B/S结构,通过采用WebGIS技术可以在客户端浏览器中实现地籍空间数据及属性数据的查询、显示。地籍数据库服务器和登记发证服务器管理和保存地籍数据与土地登记发证过程中产生的各种业务数据,市局及各区分局客户端采用B/S结构通过浏览器进行土地登记业务处理,而地籍数据更新和维护人员则采用C/S结构来进行地籍数据的更新和维护。

6.1.3 软件选型

地籍信息系统中的地籍数据纷繁复杂,包含大量的空间数据和属性数据,如地籍图、宗地图、土地登记卡、土地归户卡等。考虑到地籍数据数据量大、多格式(包含图形、属性、图像等不同格式的数据)、访问频率高等特点,采用Oracle数据库管理图形和属性数据。Oracle Spatial可用来存储空间数据并提供查询、空间索引、空间运算的功能和接口;考虑到在日常应用中常需要进行独立的小数据量的属性编辑处理,同时选用Access来完成这项工作。选用GeoMedia作为图形的显示和处理软件。

6.1.3.1 GeoMedia 的特点

对空间数据的显示、编辑和操作选用 Intergraph 公司的 GeoMedia。GeoMedia Professional 具有下列优点：

(1)多源数据的无缝集成：可以直接读取 DWG、DXF、MGE、MicroStation、ARC/INFO Coverage 、ArcView Shape File、MapInfo InterChange、Oracle 8i Spatial Cartridge 等格式的数据，并将其作为不同的数据源直接进行查询统计分析等操作；也可直接输出 MicroStation DGN、ArcView Shape File、MapInfo InterChange、Oracle Spatiale 等数据格式的数据。

(2)先进的数据库管理方式：GeoMedia 内嵌关系数据库引擎，可通过数据库来管理空间数据，它可以通过 Access、Oracle、SQL Server 以及其他支持 ODBC 的数据库来管理空间和非空间属性一体化的数据。

(3)功能强大的二次开发环境：GeoMedia 使用最新的 OLE/COM 开发技术，全面采用组件模型开发，可以直接利用通用的工具(如 VB、VC、Delphi、PowerBuild 等)将系统提供的组件对象直接镶嵌到应用系统中。

(4)数据格式：GeoMedia 没有自己专有的数据格式，系统的全部数据由商用数据库托管，数据标准采用 Microsoft Acess、Oracle、SQL Server 等数据库的标准。

6.1.3.2 开发方式

GeoMedia 提供了 3 种开发方式：

(1)驱动 GeoMedia：该方法就是创建一个应用程序通过 OLE 的方法来驱动 GeoMedia。

(2)基于 GeoMedia 环境的命令开发。

(3)组件式开发：优点，可以严格控制用户的工作流程；可以与其他产品更好地协同工作；可以尽可能减少不需要的组件。

本系统采用 GeoMedia 的第三种开发方式进行开发。利用

VB做为二次开发语言调用GeoMedia的组件来显示和操作空间数据,用Oracle存储土地及管理中产生的空间数据和属性数据。

§6.2 主要功能实现

6.2.1 数据准备

采用郑州市某区的数据,比例尺1:500,坐标系为北京54坐标系,变更时间主要集中在1995年、2002年。地籍地形要素通过扫描矢量化的方法入库,宗地的图形通过坐标形成,宗地属性通过相应的录入程序入库。如图6-3所示。

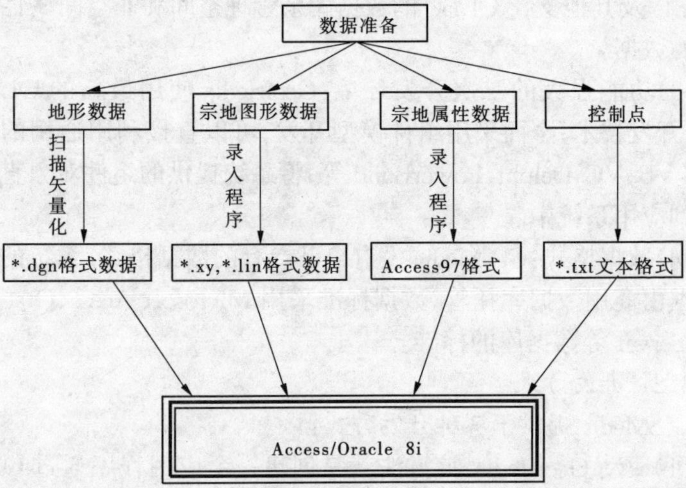

图6-3 数据准备流程

6.2.2 功能实现

前面对地籍信息系统的功能框架进行了描述,在此对主要功能的实现进行阐述，主要包括宗地变更、时空查询、统计分析等。

以下对系统的实现进行说明。

6.2.2.1 系统主界面

系统主界面如图 6-4 所示。

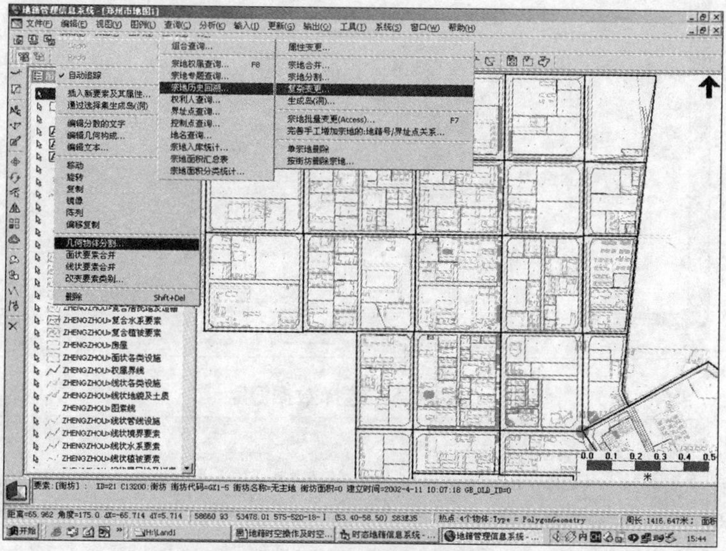

图 6-4 系统主界面

6.2.2.2 现势数据和历史数据管理

采用扩展的时空复合模型来实现时空数据管理，分别用现势数据库和历史数据库来存储地籍管理中的现势数据和历史数据，采用关系数据库来统一管理空间数据和属性数据。在系统开发中针对地籍管理数据量的大小，可分别采用不同的数据库来管理数据。如图 6-5 选择数据源。如图 6-6，连接现势库来管理地籍的现势数据。如图 6-7，连接历史库来管理地籍的历史数据。如图 6-8，添加现势库和历史库中的要素。

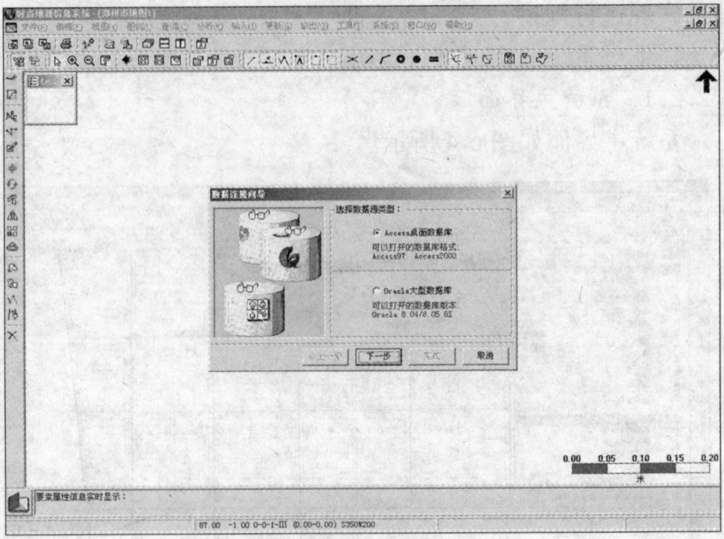

图 6-5 选择数据源

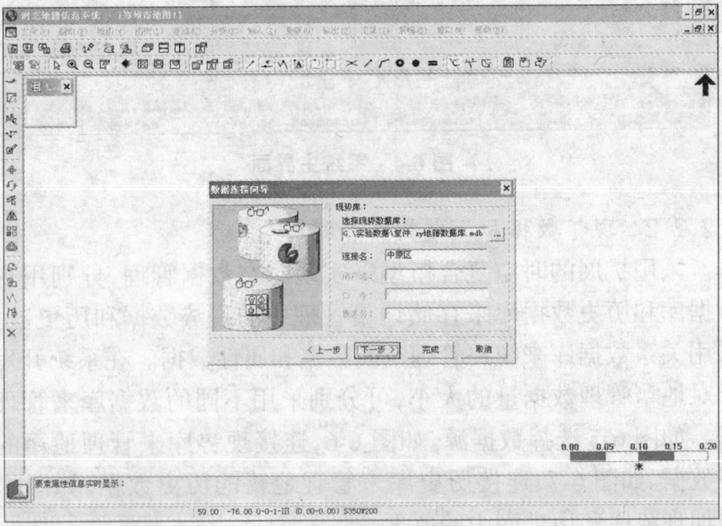

图 6-6 连接现势库

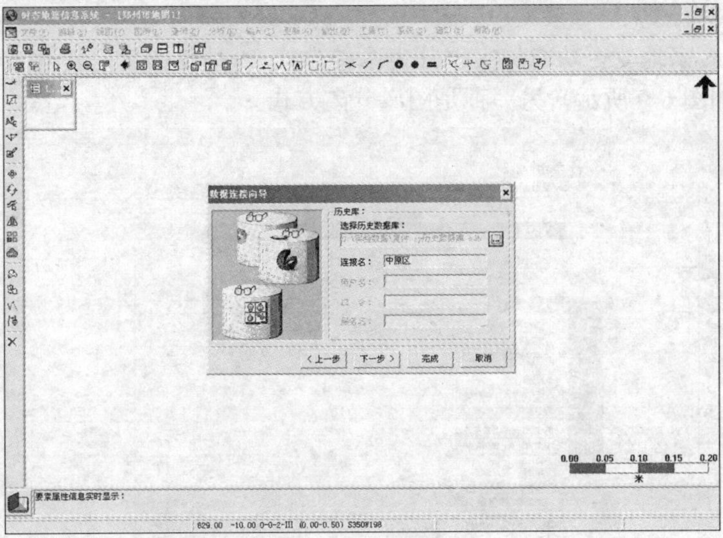

图 6-7　连接历史库

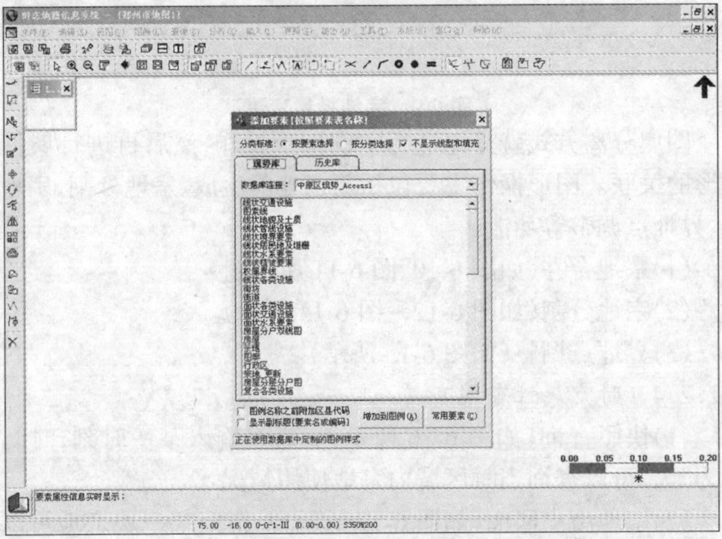

图 6-8　添加现势库和历史库中的要素

6.2.2.3 宗地变更

宗地变更功能的实现分为两种方式:一种是图属一体化方式(如图 6-9 所示);另一种是图属分离方式。

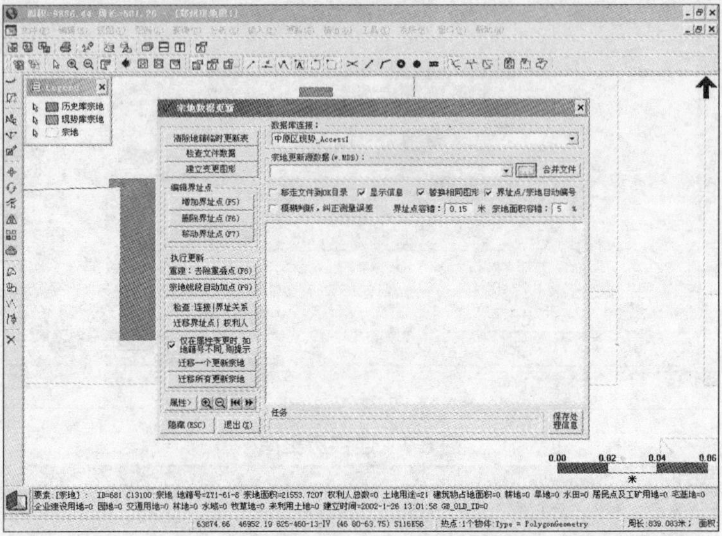

图 6-9　宗地批量变更

图属分离方式就是先进行空间图形操作,然后再进行属性和图形的关联。图形操作主要包括新宗地的生成、宗地分割、宗地合并、界址点调整等功能。

(1)宗地合并(如图 6-10、图 6-11 所示)。

(2)宗地分割(如图 6-12～图 6-14 所示)。

(3)界址点调整(如图 6-15 所示)。

6.2.2.4 时空属性查询

(1)快照查询(如图 6-16 所示)。通过输入某一时刻,时间粒度为“天”可以查询当时区域内宗地使用情况。

(2)宗地历史回溯(如图 6-17 所示)。指定某一块宗地可以查出它的历史变更过程。

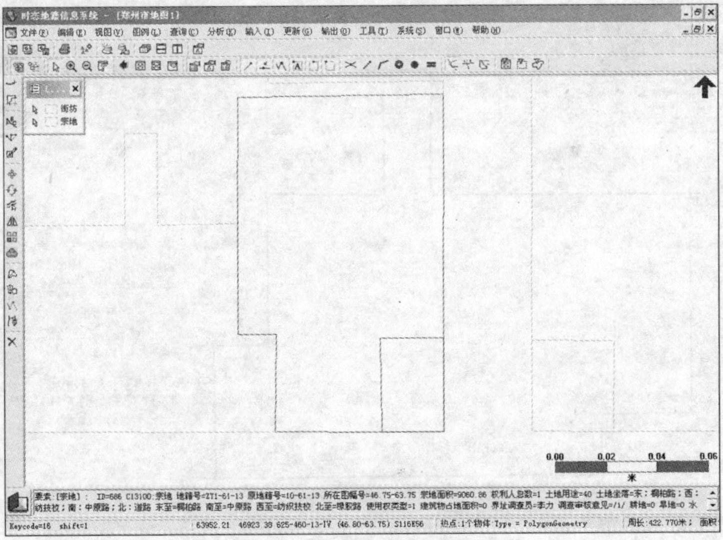

图 6-10　选中的待合并宗地

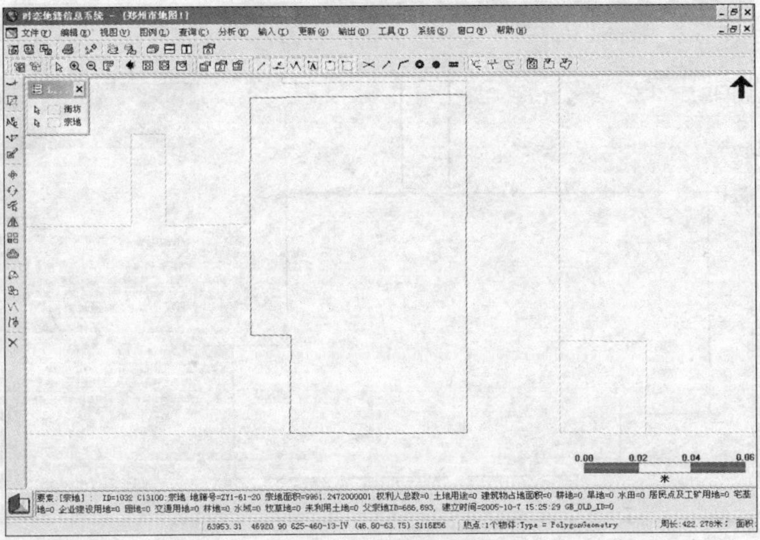

图 6-11　宗地合并后

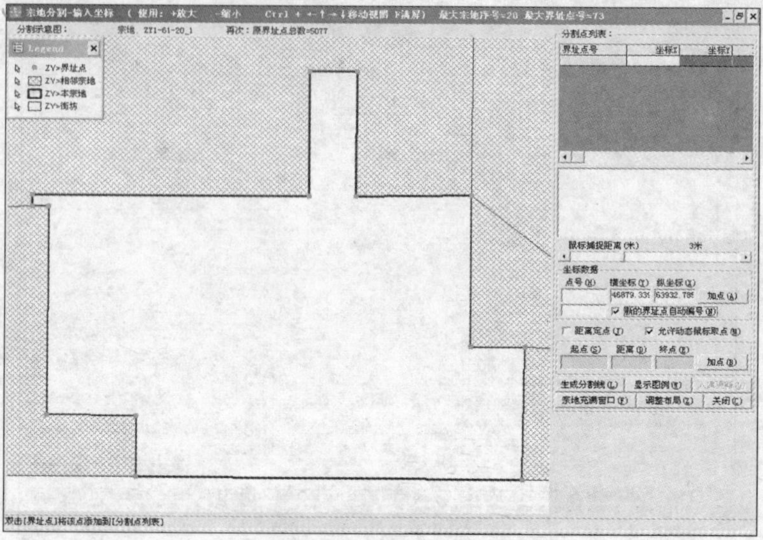

图 6-12　宗地分割界面

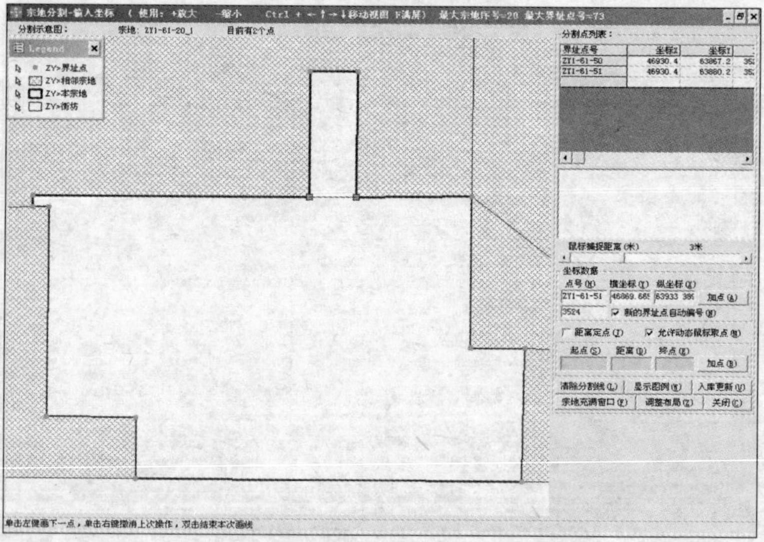

图 6-13　生成新的宗地连线的情形

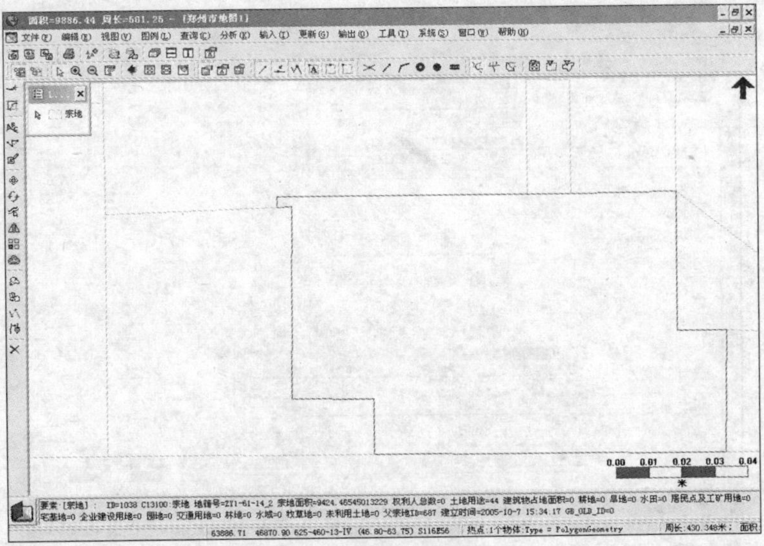

图 6-14 生成新的宗地

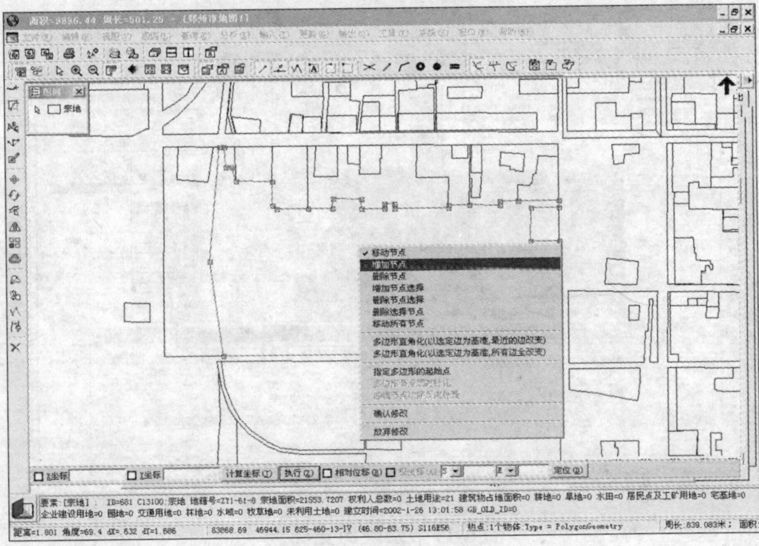

图 6-15 界址点调整

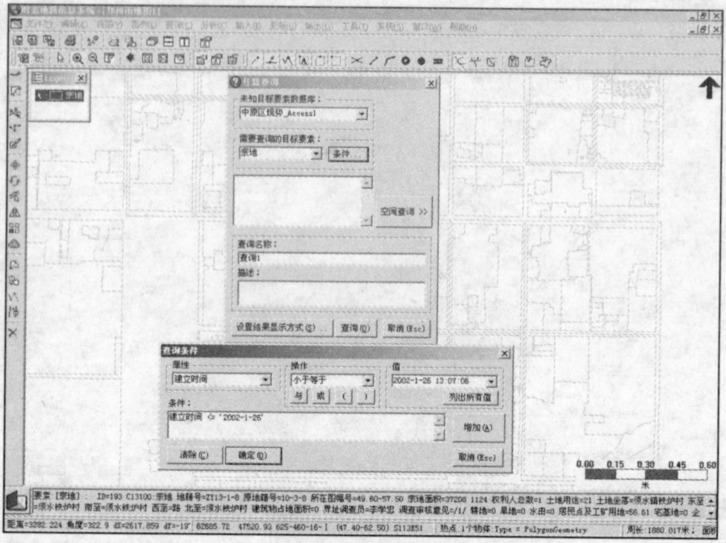

图 6-16　快照查询

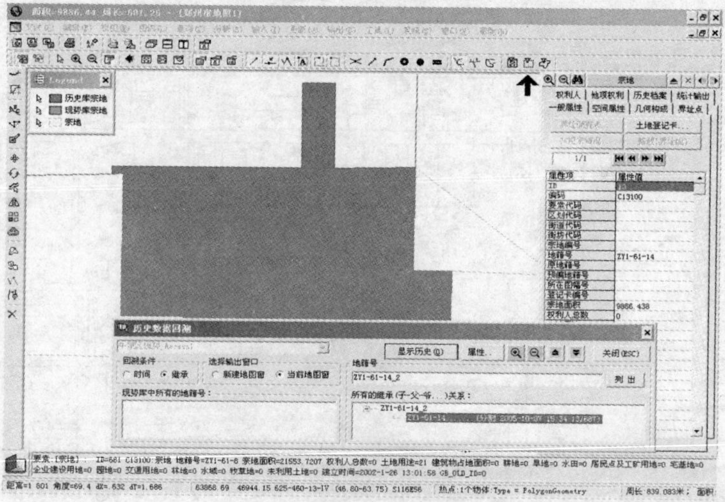

图 6-17　宗地历史回溯

(3)图形属性相互查询(见图 6-18)。

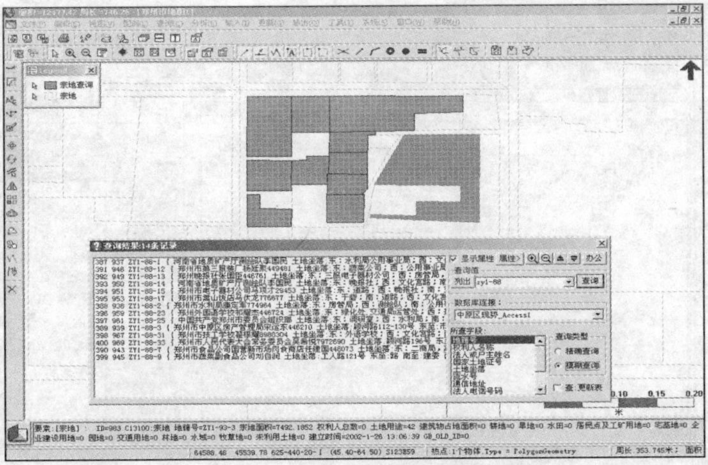

图 6-18　宗地权属查询

(4)空间分析(见图 6-19、图 6-20)。

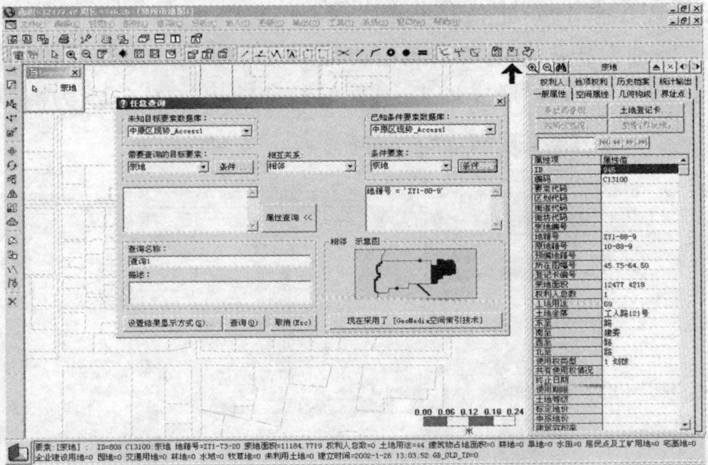

图 6-19　空间分析设置条件

6.2.2.5　统计分析及输出

可以实现宗地的有关信息的统计和输出。如宗地面积汇总输

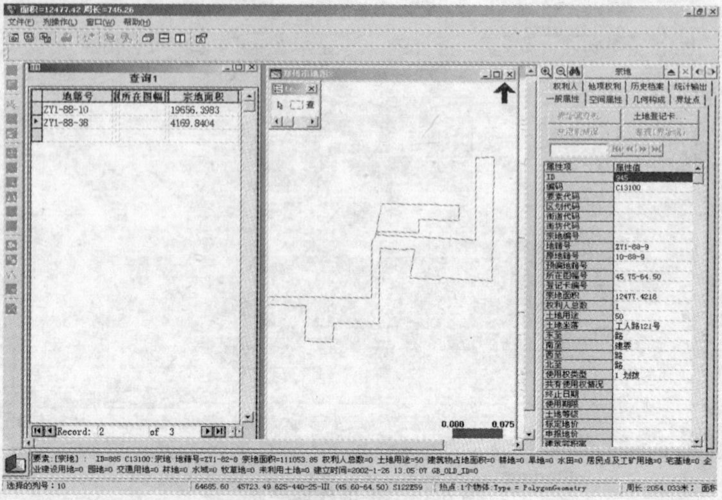

图 6-20　空间分析结果

出、宗地图输出、界址点成果输出等。

宗地面积汇总主要按照街坊范围统计宗地的地籍号、地类名称、地类代号、面积形成列表，并能够打印输出。图 6-21 为街坊内

图 6-21　街坊内的街区面积统计

的街区面积统计示意，图 6-22 为宗地面积分类统计的图形显示。

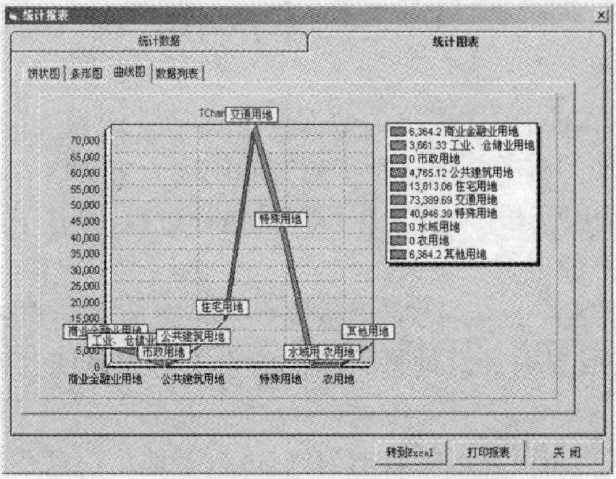

图 6-22　宗地面积分类统计的图形显示

图 6-23 为宗地图输出界面，图 6-24 为宗地界址点成果输出界面。

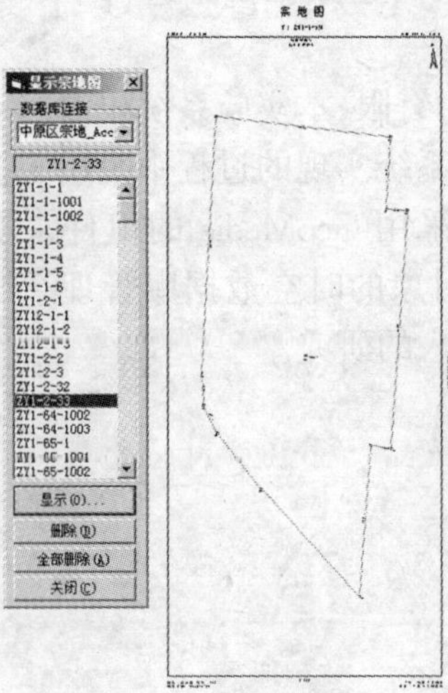

图 6-23　宗地图输出

图 6-24　宗地界址点成果输出

§6.3 本章小结

本章旨在对前文提出的数据模型进行一定程度的验证,主要对系统实现的有关情况进行了研究和阐述。主要内容小结如下:

(1)简单阐述了物理数据模型的设计过程,并基于此对物理数据模型的字段进行了定义。

(2)研究了 TGIS 的应用系统——时态地籍信息系统的功能框架和体系结构;针对地籍管理的特点进行了系统开发平台的选择。

(3)以郑州市某区的数据为例,进行了地籍信息系统中时空数据管理的尝试——基于 GeoMedia 开发了一个顾及时态的地籍信息系统。该系统采用扩展的时空数据模型管理现势和历史数据,采用地理实体的时间标记表达宗地的生命周期,满足了地籍时空数据管理的需要,同时对前文提出的时空数据模型进行了一定程度的验证。

需要说明的是,由于时间和精力有限,本实验系统仅对时空数据模型进行了一定程度的验证。在系统实现的过程中采用了扩展空间数据库来实现时空数据管理,采用 GeoMedia 的组件来实现空间数据的显示,一个真正的面向对象的时空数据库管理系统的实现仍需要相当大的工作量和更深入的研究。

第 7 章 结论与展望

随着人类社会的发展,人类面临的挑战和机遇的帷幕正一层层地拉开,在我们这样一个人口众多的国家里,国民经济持续高速发展与国土资源管理紧缺之间的矛盾无疑是我们面临着诸多挑战中最为紧迫的问题之一。特别是改革开放以来,我国的国民经济建设高速发展,各行各业争相使用土地,土地问题特别是耕地问题从来没有像今天这样严峻。土地问题从根本上来说是一个管理问题,土地信息系统是信息技术在土地管理中的具体应用,是土地管理的重要技术手段。但在土地信息系统的建设中,历史数据的管理一直是一个难点和重点,因为土地问题的复杂性就在于复杂变化的自然条件,变化的使用方式以及复杂多变的经济关系,其实这反映在土地信息系统中就是土地时空数据的管理问题。

在技术上,时空数据的管理问题属于 TGIS 的研究范畴,虽然关于 TGIS 的研究已经有 10 多年,但是仍然没有成型的 TGIS 出现,其根本原因在于时空数据的复杂性及计算机软硬件条件的限制等原因。随着面向对象技术的出现,许多专家学者尝试用这种技术对 TGIS 的数据建模进行研究,但这种研究大多集中在较低层次的数据结构层面。本书运用面向对象的思想,对时空数据模型的建立进行了研究。本书主要在两个方面进行了探索:一是对 TGIS 中时空建模问题进行探索,利用面向对象的思想对时空数据模型进行了研究;二是对土地管理中时空数据管理进行了研究,主要以地籍管理为例,建立了地籍时空概念模型和逻辑数据模型,对时空数据的管理进行了尝试。

§7.1 本书所做的主要研究工作

时空数据模型一直是 TGIS 研究的热点,许多专家学者在时空数据模型的建立方面进行了卓有成效的工作,提出了不少数据模型,这些数据模型都一定程度地解决了时空数据的建模问题,但大部分仍未能真正地、完全地表达现实世界,迄今为止,仍没有真正的 TGIS 出现。土地是人类生存和生产的场所,它具有随时间发生、发展和变化的特点,把握和认识过去、现在土地的情况以及它们之间的关系对人类合理、高效利用土地,进行决策具有不可估量的作用。基于这种考虑,本书针对时空数据模型的建立及其在土地管理中应用的有关问题进行了研究。

本书在研究空间语义和时间语义的基础上,采用面向对象的思想对时空世界的模拟进行了研究,并在此基础上对土地管理中地籍管理的时空数据管理问题进行了研究和实践。以下对本书所做的主要研究工作进行总结和回顾。

7.1.1 研究意义和现状

这部分内容在第 1 章,主要介绍了本书的研究意义以及关于这一方面的研究现状,并针对本书的研究内容和组织进行了说明。

7.1.2 时间语义和空间语义的研究

时间语义和空间语义是时空数据建模的首要问题,本书的第 2 章对这个问题进行了论述和研究。

第 2 章首先对空间和时间的基本概念进行了辨析。地理空间可被定义为绝对空间和相对空间两种形式。这两种空间定义导致两种不同的认识地理空间的抽象:基于对象的模型和基于域的模型。而时间现象则只能通过结果感知,通过变化来体现。时间和空间既具有相似性又具有不同点,时空并不是时间和空间的简单相加。地理实体的时间特征由其空间特征变化和属性特征变化来共同表现,即时间语义由改变空间状态或属性状态的地理事件系列来表现,指出存在两种时间概念模型:基于时间的概念模型和基于过程的事件概念模型;可形成4种时空概念模型:域过程时空概念模型、域时间时空概念模型、对象过程时空概念模型和对象时间时空概念模型。

然后,第2章针对地理实体的3个基本特征进行了分析。作为存在于地理空间的地理实体具有空间、时间和属性特征,时空数据模型应该能够表达这3个部分。空间特征对地理实体的空间部分进行描述,地理实体的状态通过位置、维数和几何及其空间关系行为描述;时间特征表达地理实体随时间变化的特性;属性特征表达了地理实体具体的领域语义。在此主要对地理实体的时间特征的有关问题进行了深入研究。

最后,针对地理实体的空间关系、时间关系和时空关系的描述与表达进行了研究。地理实体在地理空间中存在着空间关系、时间关系和时空关系,空间关系是空间分析的基础,时间关系是时态分析的基础,时空关系是时空分析的基础。结合前人的研究成果指出地理实体之间存在8类基本空间关系、7种基本时态关系和8种时空关系。

7.1.3 面向对象的时空数据建模的研究

面向对象技术在支持复杂对象处理和表达能力等方面的优势已经在计算机辅助制图(Computer-Aided Drifting, CAD)、计算机辅助制造(Computer-Aided Manufacturing, CAM)、计算机辅助软件工程(Computer-Aided Software Engineering, CASE)和办公自动化(Office Automation, OA)等领域中得到证明,许多专家学者也运用这种方法针对时空数据模型进行了研究。本部分内容在已有时空数据模型的基础上针对地理空间的模拟和表达进行了研究，这部分内容主要在第3章进行了论述。

第一，对时空数据模型的分类进行了研究。按照时空数据模型对时间和空间的表达方式，将时空数据模型分为基于空间的时空数据模型、基于时间的时空数据模型、时空一体化数据模型和时空属性集成模型4种类型；按照时间和空间集成的方法将时空数据模型分为关系时空数据模型和面向对象的时空数据模型。

第二，深入分析了现有时空数据模型，指出现存的时空数据模型的缺陷。首先，地理实体语义表达的不完整，缺少对属性变化的描述。其次，时空数据模型的建立必须符合人类的认知规律，过去的工作主要集中在数据的存储管理与操作等计算机实现方面。另外，大部分数据模型是基于目前已经成型的GIS数据结构，无法比较完善地解决TGIS中的很多问题，离准确地模拟地理实体之间的时空关系还有一定距离。

第三，研究了面向对象技术的特点，指出了面向对象时空数据模型具有的优越性：①能够很好地模拟和描述地理空间中复杂的时空对象。②可以建立自然的、充分表示现实世界地理空间的概念模型。③提供了概念模型到逻辑数据模型以至物理数据模型一致的表示方法。

第四，运用面向对象技术，针对面向对象的时空概念模型进行了研究，将地理空间抽象表达为由时空属性对象(STAO)组成，指出STAO是空间类、时态类、属性类的聚合，深入分析了空间类、时态类、属性类以及时空对象类等的构成，并用UML表达了各个类之间的关系，形成了面向对象的时空属性概念模型(OOSTACM)；并从概念层次对时空对象的约束条件和操作进行了分析，指出在TGIS中的动态操作可分为建立(Create)、存档(Delete)和永久删除(Destory)等。

7.1.4 时空数据模型在土地管理中的应用研究

这部分内容主要在第 4 章、第 5 章和第 6 章进行了论述与研究。

第 4 章首先对土地有关概念及其时间特性进行了研究。土地作为人类生存和生产的场所,具有空间属性、自然属性、经济属性、权能属性和时间属性。作为资源和资产,土地的自然属性、经济属性和权能属性都在随时间变化而发生着变化,这就是土地的时间特性。一方面土地是资源,土地的自然形态会随着土地自身的运动和人类改造自然的过程而发生变化,"沧海桑田"正是描述了土地的自然演变;另一方面,土地是资产,在社会和经济生活中土地会发生转让、置换等经济活动,在这些活动中,土地或分割或合并引起土地空间形态发生变化;其权利人、用途等变化引起土地的属性发生变化。地籍作为土地管理的重要内容同样具有强烈的时态性,地籍时态信息包括两大部分,即宗地的时态信息和非宗地的时态信息。在此主要针对宗地的时态性进行了论述。

然后第 4 章结合土地管理中的地籍管理的实际需求,运用面向对象的思想深入分析了地籍领域中存在的地籍调查区、宗地、界址线、界址点和权利人等各个对象及其之间的关系,指出地籍领域中不仅存在大量的非空间对象,而且存在大量的时空对象,是TGIS的具体应用;然后将通用的面向对象的时空属性模型(OOSTACM)扩展到地籍领域中,形成了面向对象的地籍时空属性概念模型(Objected-Oriented Cadastral Spatial-Temporal-Attribute Conceptual Model, OOCSTACM)。

最后第 4 章针对地籍时空变化进行了深入研究,以宗地对象为主,指出宗地是时空属性对象,具有空间、时间和属性特征。其空间特征通过空间类定义,时态特征通过有效时间和事务时间标记,属性通过面积、位置、用途、权利人等描述,每个对象具有唯一

ID。分析了宗地的时空变化方式和规律，按照变化的内容划分，宗地随时间的变化主要可分为3种：空间变化、属性变化和空间属性同时变化。其中空间变化又可分为分割、合并、宗地界址调整和复杂变更。属性变化是宗地的非本质变化，空间变化是宗地的本质变化，深入分析了地籍对象的时空关系，研究了宗地、界址点、界址线之间的关系，指出父子宗地之间具有时间相接性和空间相交性。

逻辑数据模型是时空建模的第二个层次。第5章在面向对象的地籍时空概念模型的基础上，针对地籍时空逻辑数据模型设计方面的有关问题进行了研究和论述。主要从以下几方面进行了研究：

首先阐述了逻辑模型的基本概念，指出逻辑模型的建立同具体的DBMS有关，逻辑模型的建立可以采用层次、网状、关系、面向对象等不同的数据模型实现；然后结合DBMS的发展趋势确定采用对象—关系模型来进行逻辑数据模型的组织。

然后结合计算机理论，探讨了面向对象的概念模型向对象—关系逻辑数据模型转化的步骤及方法；结合时空数据的特点和计算机理论提出了时空逻辑数据模型设计的基本原则，为地籍时空逻辑模型的设计提供了标准。

第三，结合面向对象的地籍时空属性概念模型和地籍管理实际要求，采用扩展时空复合模型、基于对象—关系空间数据模型、把时间作为宗地的属性，形成了地籍时空逻辑数据模型。这种数据组织方式在宗地历史回溯时不需要进行空间运算，数据结构简单，执行效率高。

第四，针对地籍的时空操作进行了研究。地籍时空操作包括地籍时空静态操作和动态操作，基于地籍逻辑时空数据模型针对地籍时空操作进行了深入研究，保证了逻辑数据模型的完整性。

第6章主要对系统实现的有关情况进行了研究和阐述。

首先简单阐述了物理数据模型的设计过程，并基于此对物理数据模型的字段进行了定义。接着研究了 TGIS 的应用系统——时态地籍信息系统的功能框架和体系结构；针对地籍管理的特点进行了系统开发平台的选择。最后以郑州市某区的数据为例，进行了地籍信息系统中时空数据管理的尝试——基于 GeoMedia 开发了一个顾及时态的地籍信息系统。该系统采用扩展的时空数据模型管理现势和历史数据，采用地理实体的时间标记表达宗地的生命周期，满足了地籍时空数据管理的需要，同时对前文提出的时空数据模型进行了一定程度的验证。

7.1.5 全文总结及进一步研究方向

第 7 章对本研究的内容进行了总结回顾，并对下一步研究方向进行了展望。

§7.2 本书的创新点

围绕着时空数据模型这个主题，本书主要从以下几个方面进行了创新性的研究：

(1)对时间和空间语义进行了深入探讨，对时间概念和空间概念的异同进行了辨析；指出存在基于时间和基于过程的时间模型，结合空间概念模型，提出了 4 种时空概念模型：域过程时空概念模型、域时间时空概念模型、对象过程时空概念模型和对象时间时空概念模型。

(2)利用面向对象的思想对地理空间进行抽象表达，将地理空间抽象为由时空属性对象（Spatial Temporal Attribute Object，STAO）组成，形成了面向对象的时空属性概念模型（Objected-Oriented Spatial-Temporal-Attribute Conceptual Model，OOSTACM）。并利用面向对象的图示表达语言 UML 对各对象类之间的关系进行了表达，形成了面向对象的时空属性概念模型；并对时空对象约束条件及其操作进行了初步研究。

(3)利用面向对象的思想深入分析了地籍领域中存在的各个对象，然后将 OOSTACM 扩展到地籍领域中，形成了面向对象的地籍时空属性对象模型(Objected Oriented Cadastral Spatial Temporal Attribute Conceptual Model，OOCSTACM)，并对地籍对象之间时空关系进行了深入的研究。

(4)结合时空数据的特点和计算机理论提出了时空逻辑数据模型设计的基本原则，为地籍时空逻辑模型的设计提供了标准。结合面向对象的地籍时空属性概念模型和地籍管理实际要求，采用扩展时空复合模型、基于对象—关系空间数据模型、把时间作为宗地的属性，形成了地籍时空逻辑数据模型，同时针对地籍时空操作进行了研究。

§7.3　进一步研究的方向

对时空数据管理的需求会随着土地管理的深入而越来越迫切，而 TGIS 的实现将是土地时空数据管理的重要基础，其中时空数据模型的建立则是 TGIS 实现的关键。通过本书的研究，要解决 TGIS 中时空数据建模问题和土地管理中时空数据的管理问题，进一步的研究重点在于：

(1)时空操作的具体实现。时空操作是时空数据模型的重要组成部分，本书仅对时空操作作了初步研究，关于通用型时空数据模型的时空操作的具体实现等还需要进一步研究。

(2)时间结构和变化的完全表达。本书的时空模型仅考虑了线性时间的离散变化，而作为一个通用的时空数据模型应该支持各种类型的时间和变化方式，下一步工作应对其他时间结构及其他变化方式，如分支结构等时间结构、连续变化等变化类型等进行研究。

(3)时空索引技术的研究。在物理数据模型的实现上,面对海量的时空数据,如何在物理数据模型中快速高效地实现检索和分析是下一步必须解决的问题。

(4)时空分析和预测的研究。随着时空数据的积累,如何从中挖掘出隐藏的时空相关性、空间变化规律和趋势是一个很重要的工作。这不仅具有理论意义,也具有更大的实际意义。

(5)时空数据模型在土地管理其他领域的应用研究。在应用方面,本书主要研究了土地管理中城镇地籍对象的时空变化问题,而对土地管理其他领域的时空变化问题没有深入,下一步应该针对土地管理中其他业务(如土地利用)随时间的变化进一步研究。

总之,时空数据建模问题是一项非常基础、技术综合性极强的研究,要形成一个真正的 TGIS 还有很多工作要做,要完整地解决土地管理领域的时空数据管理工作也非一日之功。本书主要针对 TGIS 中时空数据模型及其在土地管理中地籍领域的应用进行了一定程度的研究,应该说对于许多内容的研究还不够深入,有些方面甚至没有触及,因此说,未来的研究任重而道远,需要在后续的研究中继续深入、完善和发展。

参考文献

[1] 边馥苓.地理信息系统原理和方法[M].北京:测绘出版社,1996.

[2] 边馥苓,张燕江.基于空间查询的历史数据回溯[C]//中国地理信息系统协会第三次代表大会及第七届年会论文集,2003(11):117-121.

[3] 柴晓路,曹晶,施伯乐.时空信息的层次存储和管理[J].计算机科学,2000,27:47-49.

[4] 曹志月,刘岳.一种面向对象的时空数据模型[J].测绘学报,2002,31(1):87-92.

[5] 陈尚超,陈军,唐冶峰.时态属性数据组织的非第一范式方法.测绘遥感信息工程国家重点实验室 1993-1994 年报,1994.

[6] 程烨,蒋文彪,项家铀.略论土地管理信息化发展战略[J].中国土地科学,1997,11 (4) :3 - 5.

[7] 常征,陈军,杜道生.顾及地块时空特点的地籍数据组织及查询[J].武汉测绘科技大学学报,1997(22): 216-221.

[8] 陈军.GIS空间数据模型的概念与问题[M]//RS、GIS、GPS 的集成与应用.北京:测绘出版社,1995.

[9] 陈军,陈尚超,唐冶峰.用非第一范式关系表达 GIS 时态属性数据[J].武汉测绘科技大学学报,1995 ,20(1):12-17.

[10] 陈军,王宝祥.地籍测绘与土地信息系统的若干技术前沿[J].测绘通报,1997 (3) :32-34.

[11] 陈军,蒋捷,严荣华,等.城市规划国土管理的图文集成管理[J].测绘学报,1998 ,27 (2) :153-159.

[12] 陈军,周星.土地信息系统的进展:1997-1998 文献评述[J].中国土地科学,1999(3):37-44.

[13] 陈述彭,鲁学军,周成虎.地理信息系统导论[M].北京:科学出版社,2000.

[14] 陈秀万,吴欢,李小娟,等.基于事件的土地利用时空数据模型研究[J].中国图象图形学报,2001,8(8):957-963.

[15] 程昌秀,周成虎,陆锋.对象关系型 GIS 中改进基态修正时空数据模型的实现[J].中国图象图形学报,2003,8(6):697－702.
[16] 崔铁军,王家耀.空间数据特点及其数据模型设计[M]//中国地图学年鉴(1995－1999).北京:星球地图出版社,2001:23－26.
[17] 崔煦,傅仲良.基于 UML 的地籍信息系统开发[J].武汉大学学报(信息科学版),2003(1):105－110.
[18] 崔丽美,杨联安,等.土地信息系统技术的新近发展[J].测绘标准化,2003(2):5－7.
[19] 杜海平,詹长根,李兴林.现代地籍理论与实践[M].深圳:海天出版社,1999.
[20] 高文秀,刘浪,龚健雅.改造现有 LIS 支持时空数据管理和土地变更的实现[J].武汉大学学报,2002,27(6):622－626.
[21] 龚健雅.GIS 中面向对象时空数据模型[J].测绘学报,1997,26(4):289－298.
[22] 龚键雅,朱欣焰,朱庆,等.面向对象集成化空间数据库管理系统的设计与实现[J].武汉测绘科技大学学报,2000,25(4):289－292.
[23] 龚键雅.地理信息系统基础[M].北京:科学技术出版社,2001.
[24] 郭秋英.当前 GIS 发展的几个特点[J].测绘通报,1998:531.
[25] 郭仁忠,向发灿.深圳市规划国土局信息化建设[C]//"面向 21 世纪的中国土地信息系统"学术讨论会论文,杭州,1998 .
[26] 黄明智.非第一范式时空数据模型的研究[D]:武汉测绘科技大学博士论文,1997.
[27] 何建华,杜清运.基于 STER 模型的地籍时空数据库的设计[J].测绘信息与工程,2002(6).
[28] 黄明智,张祖勋.时空数据模型的 NINF 关系基础[J].测绘学报,1997 ,26 (1) :1－6.
[29] 黄明智,张祖勋.NINF 时态数据库及其更新操作[J].武汉测绘科技大学学报,1996,21(2):139－144.
[30] 黄波,徐冠华,阎守邕.基于扩展关系模型的整体空间数据管理[J].遥感学报,1997,1(1).
[31] 黄慧,边馥苓.时态 GIS 中的线面父子关系及其判定规则[J].武汉大学

学报(信息科学版),2004,29(2):135-139.
[32] 胡存智,张述升.关于地籍信息系统持续发展的思考[J].中国土地,1997(7).
[33] 蒋捷,陈军.基于事件的土地划拨时空数据库若干思考[J].测绘学报,2000,29(1).
[34] 江华斌,袁艳斌.数字国土工程中土地信息系统的建设与发展趋势[J].中国土地科学,2000(6):35-37.
[35] 金培权,岳丽华,赵振西.时空对象关系模型研究[J].小型微型计算机系统,2004,25(7):1188-1192.
[36] 金培权,岳丽华,龚育昌.基于历史拓扑和描述子的时空数据模型[J].测绘学报,2004,33(3):274-279.
[37] 寇有观.跨世纪的土地信息系统[J].国土资源遥感,2001(1):60-64.
[38] 寇有观,萧术.全国土地管理信息系统的系统分析和总体设计研究[J].中国土地科学,1999,13(6):1-4.
[39] 梁军,钟耳顺.地籍信息系统中宗地数据库的设计[C]//GIS 年会论文集,深圳,1999.
[40] 乐燕芬,陈军.顾及时态地块的土地划拨时空数据组织[J].武汉测绘科技大学学报,1997,22(3):222-227.
[41] 李德仁,朱欣焰,龚健雅.从数字地图到空间信息网格——空间信息多级网格理论思考//中国地理信息系统协会第三次代表大会及第七届年会论文集,2003.11:1-10.
[42] 李德仁,李清泉.一种三维 GIS 混合数据结构研究[J].测绘学报,1997,26 (2) :128-133.
[43] 李成名,陈军.空间关系描述的 9 交模型[J].武汉测绘科技大学学报,1997,22(3):207-211.
[44] 李振华.Oracle 空间数据库的对象-关系模式初探[J].地球科学:中国地质大学学报,2002,27(3):333-337.
[45] 李春葆,许云涛.一种面向对象的时空模型及其操作[J].华中理工大学学报,1999,27(5):23-25.
[46] 李昭原.数据库技术最新进展[M].北京:清华大学出版社,1997.
[47] 李珂,曹杰峰,翁敬东.地籍 GIS 系统中时空数据模型设计及其数据管

理[C]//中国地理信息系统协会第三次代表大会及第七届年会论文集,2003.11:183-187.

[48] 李爱光，王卉，刘红玉，等.面向对象软件工程技术在GIS中的应用[J].测绘学院学报,2001,18(4):287-289.

[49] 李小娟.基于特征的时空数据模型及其在土地利用动态监测信息系统中应用[D].中国科学院遥感应用研究所博士论文,1999.8.

[50] 林广发,冯学智,王雷,等.以事件为核心的面向对象时空数据模型[J].测绘学报,2002,31(1):71-76.

[51] 林广发,王雷,黄蔚.房产信息系统中的时空数据管理[J].计算机科学,2002(6):80-81.

[52] 刘玉玲,刘瑜,罗群.地籍信息系统中动态地块存储的实现[J].地理学与国土研究,2001,17(3):31-34.

[53] 刘仁义,刘南,苏国中.时空数据库基态修正模型的扩展[J].浙江大学学报(理学版),2000,27(2):196-200.

[54] 刘利,等.面向对象方法在地籍信息系统中的应用[C]//浙江省首届青年学术论坛地球空间信息技术分论坛论文集,杭州,2000.

[55] 卢炎生,秦川,唐波.基于属性标识位的面向对象时空数据模型[J].华中科技大学学报(自然科学版),2003,31(3):52-54.

[56] 卢炎生,李慧,潘鹏.基于属性变化频率的面向对象时空数据模型的扩展[J].计算机工程与科学,2004,26(11):63-64.

[57] 陆锋,李小娟,周成虎,等.基于特征的时空数据模型:研究进展与问题探讨[J].中国图像图形学报,2001,6(9):830-835.

[58] 罗忠文.应用对象关系数据库存储GIS数据[J].地球科学:中国地质大学学报,2002,27(3):267-270.

[59] 罗年学,潘正风.地籍信息系统中的时忞问题研究[J].测绘信息与工程,2001(3):23-25.

[60] 罗年学,潘正风.动态地籍信息系统中时态地籍数据库的研究[J].测绘通报,2002,(2):45-47.

[61] 罗德安,刘文熙,黄丁发.一种适用于产权地籍管理的时空数据模型[J].地理与地理信息科学,2003,19(6):38-41.

[62] 马劲松,黄杏元,徐寿成.GIS空间时态对象关系数据库模型研究//中

国地图学年鉴(1995－1999)[M].北京:星球地图出版社,2001:39－42.
[63] 孟令奎,赵春宇,林志勇,等.基于地理事件时变序列的时空数据模型研究与实现[J].武汉大学学报,2003,28(2):202－206.
[64] 潘瑜春.土地利用信息更新技术研究[D]//中国科学院地理科学与资源研究所博士论文,2002.
[65] 乔彦友.用时间GIS建立地籍信息系统的研究[J].地理学报,1996,51(5):465－469.
[66] 任家东,高伟,任东英.计算机工程[J].时空数据模型的研究与设计,2003,29(22):114－116.
[67] 荣芳,杨成韫.土地信息系统中若干技术问题的探讨[J].中国土地科学,1999,13(2):44－47.
[68] 沙宗尧,边馥苓.一种基于GIS的时空数据分析与应用研究[J].测绘通报,2001(12):4－6.
[69] 佘江峰,冯学智,都金康.时空数据模型的研究进展述评[J].南京大学学报(自然科学),2005,41(3):259－267.
[70] 舒红,陈军,史文中.时空数据模型综述[J].计算机科学,1998(6).
[71] 舒红,陈军,杜道生.时空对象结构的代数模型[J].武汉测绘科技大学学报,1998,23(2):137－140.
[72] 舒红,陈军,等.时空拓扑关系定义以及时态拓扑关系描述[J].武汉测绘科技大学学报,1997,26(5):299－233.
[73] 舒红,陈军.地理数据模型中的时间语义[C]//中国地理信息系统协会第二届年会.北京:中国地理信息系统协会,1996.340－345.
[74] 舒红,陈军,杜道生,等.面向对象的时空数据模型[J].武汉测绘科技大学学报,1997,22(3):229－233.
[75] 舒红.概念、形式化和逻辑时空数据建模初探[D]//武汉测绘科技大学博士论文,1999.
[76] 邵维忠,杨芙清.面向对象的系统分析[M].北京:清华大学出版社,1998.
[77] 邵维忠,梅宏.统一建模语言UML述评[J].计算机研究与发展,1999,36(4):385－394.

[78] 孙玲. GIS 在土地管理中应用和研究的新方向[J]. 遥感技术与应用, 1996.
[79] 宋其友,杨喜敏,李泰轩,等. 土地信息学[M]. 北京:测绘出版社,1997.
[80] 唐常杰. 时态数据库的成果、缺陷与未来[J]. 计算机科学,1999(3).
[81] 唐新明,吴岚. 时空数据库模型和时间地理信息系统框架[J]. 遥感信息,1999(1):4-8.
[82] 汤国安. 地理信息系统[M]. 北京:科学出版社,2000.
[83] Timothy C. Lethbridge, Robert Laganière. 面向对象的软件工程[M]. 张红光,温遇华,徐巧丽,等译. 北京:机械工业出版社,2003.
[84] 涂真,杨永侠,朱德海,等. 基于客户/服务器体系的土地管理信息[J]. 中国土地科学,1997,11 (2):30-34.
[85] 王家耀. 空间信息系统原理[M]. 北京:科学出版社,2001.
[86] 王家耀,华一新. 军事地理信息系统[M]. 北京:解放军出版社,1997 .
[87] 王家耀,陈毓芬. 理论地图学[M]. 北京:解放军出版社,2000.
[88] 王家耀,周海燕,成毅. 关于 GIS 与 SDS 的探讨[J]. 测绘科学,2003, 28(1).
[89] 王家耀. 关于地理信息系统学科的理论基础与体系框架[J]. 测绘学院学报,1997,14(2).
[90] 王家耀. 地图学与地理信息系统在中国的开拓与进展[M]//中国地图学年鉴(1995-1999). 北京:星球地图出版社,2001:1-9.
[91] 王家耀,魏海平,成毅,等. 时空 GIS 的研究与进展[J]. 海洋测绘,2004, 24(3):1-4.
[92] 王青山. 面向对象地理数据模型的研究与实践[D]. 解放军信息工程大学博士学位论文,2000.
[93] 王青山. 地理数据模型的分析与展望[M]//中国地图学年鉴(1995-1999). 北京:星球地图出版社,2001:96-100.
[94] 王康弘,等. 地籍实体的时间序列分析[C]//浙江省首届青年学术论坛地球空间信息技术分论坛论文集,杭州,2000.
[95] 王晓栋,崔伟宏. 数字地球的时空维实现[J]. 地理科学进展,1999,18 (2):147-152.
[96] 王晓栋. 基于时空地理实体的综合时空数据研究及其在县级土地利用

动态监测中的应用[D]:中国科学院遥感应用研究所博士论文,1999.8.
[97] 王春波,张军,蒋涛.基于事件的时空数据模型应用研究[J].测绘科学,2005,30(2):67-69.
[98] 邬伦,刘瑜,等.地理信息系统原理与方法[M].北京:北京大学出版社,1999.
[99] 吴信才.地理信息系统的基本技术与发展动态[J].地球科学:中国地质大学学报,1998,23(4):329-333.
[100] 吴信才,曹志月.时态 GIS 的基本概念、功能及实现方法[J].地球科学:中国地质大学学报,2002,27(3):241-245.
[101] 王尔琪,钟耳顺,宋关福,等.地理信息系统网络化模式初探[C]//'98 中国 GIS 年会论文集 .1998.8.
[102] 肖乐斌,钟耳顺,刘纪远.GIS 概念数据模型的研究[J].武汉大学学报,2001,26(5):387-392.
[103] 谢昆青,马修军,杨冬青.空间数据库[M].北京:机械工业出版社,2004.
[104] 徐志红,边馥苓,陈江平.基于事件语义的时态 GIS 模型[J].武汉大学学报(信息科学版),2002(3):279-283.
[105] 徐志红,边馥苓.地籍空间实体及其时空拓扑关系[J].武汉大学学报(信息科学版),2002(5).
[106] 徐志红,申屠海港,边馥苓.地籍信息系统中的时空信息管理(信息科学版)[J].武汉大学学报,2002(5).
[107] 修文群,池天河.城市地理信息系统[M].北京:北京希望电子出版社,1999.
[108] 严泰来.土地信息系统的任务、特点及其我国的发展策略[C]//中国地理信息系统协会第二届年会论文集,1996.
[109] 严泰来,吴平.带时间维土地信息系统的时空数据管理[J].中国土地科学,2002(12):11-19.
[110] 杨联安.论土地利用管理动态信息系统的建设[J].地理学与国土研究,2000(1):27-29.
[111] 杨春成,张清浦.Oracle 8i 新特性及其在空间数据库实现中的应用[J].测绘学院学报,2002,19(4):296-299.

[112] 杨文龙,姚淑珍,吴芸.软件工程[M].北京:电子工业出版社,1999.
[113] 姚志军,李满春,陈刚,等.地籍管理信息系统中宗地数据的时空数据组织与查询研究[J].南京大学学报(自然科学),2002,38(6):786-793.
[114] 易宝林,冯玉才,吴永英.一种集成时空数据模型及语义扩展[J].华中科技大学学报(自然科学版),2004,32(7):7-9.
[115] 尹章才,李霖,艾自兴.基于图论的时空数据模型研究[J].测绘学报,2003,32(2):168-172.
[116] 尹章才,李霖,朱海红.土地划拨中基于网状的时空数据模型研究[J].测绘信息与工程,2004,29(6):15-16.
[117] 余志文.城市交通网络面向对象的时空数据模型研究[J].测绘科学,2002(12):31-35.
[118] 查宗祥.土地管理信息化建设中GIS应用现状及展望[J].中国土地科学,1997,11(6):43-45.
[119] 翟翊,彭维吉.土地管理信息化与地理信息系统的应用[J].测绘学院学报,1999,16(3):191-193.
[120] 翟亮,李霖.基于时空数据模型的土地信息系统[J]. 测绘科学,2004,29(3):45-47.
[121] 赵军喜, 孙庆辉, 张毅.GIS中几何对象之间的空间关系[J].测绘学院学报,1999,19(4):306-309.
[122] 朱德海,等.土地管理信息系统[M].北京:中国农业大学出版社,2002.
[123] 张犁,林晖,李斌.互联网时代的地理信息系统[J].测验学报,1998,27(1).
[124] 张祖勋,黄明智.时态GIS数据结构的研讨[J].测绘通报,1996(1):19-22.
[125] 张祖勋,黄明智.时态GIS概念、功能和应用[J].测绘通报,1997(2).
[126] 张子平,肖平,龚健雅.时态土地资源信息系统数据结构的研究[J].武汉测绘科技大学学报,1998,23(2):141-143.
[127] 张锦.超图空间数据模型和面向对象模型的集成[M]//中国地图学年鉴(1995-1999).北京:星球地图出版社,2001:66-68.

[128] 钟耳顺.土地信息系统建设中的若干问题[C]//第三届中国土地信息系统研讨会论文集,常州,2000.
[129] 曾广鸿,杨兴旺.GIS软件和数据库的设计及发展[J].测绘信息与工程,1997(3).
[130] 章磊,周星.试论高技术促进现代科学土地管理[J].北京测绘,2001(6).
[131] 张师超.时态数据库述评[J].计算机科学,1992(3).
[132] 张家庆,张军.九十年代GIS软件系统设计的思考[J].测绘学报,1994, 23(2): 127-134.
[133] 张健挺,万庆.地理信息系统集成平台框架结构研究[J].遥感学报,1999,3(1).
[134] 周晓光,陈军,蒋捷,等.地籍地块间的空间拓扑关系[J].测绘学报,2003,32(4):356-361.
[135] 周晓光,陈军,李志林,等.基于对象状态变化的时空数据动态操作算子[C]//中国地理信息系统协会第三次代表大会及第七届年会论文集,2003,11:268-276.
[136] 郑扣根,余青怡,潘云鹤.基于事件对象的时空数据模型的扩展与实现[J].计算机工程与应用,2001(3).
[137] 郑扣根,谭石禹,潘云鹤.基于状态和变换的统一时空数据模型[J].软件学报,2001,12(9):1360-1365.
[138] 中国测绘学会地籍测绘专业委员会.地籍测绘与土地信息系统的若干技术前沿[J].测绘通报,1997(6):32-34.
[139] 中国测绘学会地图学与GIS专业委员会.地图学与地理信息系统的现状与趋势[J].测绘通报,1997(6):26-31 .
[140] 张山山.面向对象的时空概念建模方法[J]. 武汉大学学报(信息科学版),2003,28(2):191-195.
[141] 张山山,杨宗亮.一种面向GIS的时空索引方法[J].武汉大学学报(信息科学版),2003(1):51-54.
[142] 张山山.基于CA的时空过程模拟建模方法[J].武汉大学学报(信息科学版),2004,29(2):175-178.
[143] 张山山.地理信息系统时空数据建模研究及其应用[D]:西南交通大学

博士论文,2001.
[144] 张山山.一种时空四维数据模型[J].计算机应用,2000,20(8):14-16.
[145] Abraham T, Roddick J. Survey of spatio-temporal databases[J]. GeoInformatica, 1999,3(1):61-99.
[146] Agnar Renolen. Conceptual modeling and spatiotemporal information systems: how to model the real world[J]. ScanGIS, 1997, June1-3.
[147] Agnar Renolen. Modelling the spatioporal information: the spatiotemporal object model. 1997.5.
[148] Allen A, Edwards G, Bedard Y. Qualitative, causal modeling in temporal GIS, Spatial Information Theory—A theoretic basis for GIS, Springer-Verlag, 1995(988):397-412.
[149] Allen J. Towards a general theory of action and time[J]. Artificial Intelligence, 1984, 23: 123-154.
[150] Armstrong M. Temporality in spatial databases. In: the Proceedings of the LIS/GIS' 88, 1988(2):880-890.
[151] Ales Limpouch. Object-Oriented GIS for the future, International Archives of XVIII ISPARS Congress, B3, 1996.
[152] Blanchard B M, Lovert J K. Parcel Management: a Cadastral Data Model, GIS. LIS'94(Ottawa), 1994(2):1623-1634.
[153] Bonan Li, Guoray Cai. A general object-oriented spatial temporal data model. Symposium on Geospatial Theory, Processing and Applications, Ottawa 2002.
[154] Chanmbers. Don. Overview of GIS database design, ARC News, Spring 1989 issue, 1989, 11(2).
[155] Claramunt C, Theriault M. Managing time in GIS: an event-oriented approach, Recent Advances in Temporal Databases, Springer, 1995: 23-43.
[156] Claramunt C, Theriault M. Toward semantics for modelling spatio-temporal processes within GIS, SDH'96, 1996.
[157] Claramunt C, Jiang Bin. A representation of relationships in temporal

spaces. In:Atkinson P, Martin D(eds) Innovations in GIS VII:Geocomputation. Taylor and Francis: London, 2000: 41 – 53.

[158] Claramunt C,Jiang Bin. An integrated representation of spatial and temporal relationships between evolving regions. Geographical systems,2001 (3):411 – 428.

[159] Cooper A, Peled A. Incremental updating and versioning. The 20th International Cartographic Conference(ICA). Beijing: Cartographic publication,pp:2806 – 2809.

[160] Chen Jun, Jiang Jie. An event-based approach to spatio-temporal data modeling in land subdivision system. GeoInformatical,2000,4(4):387 – 400.

[161] Chen Jun, Jiang Jie, Ronghua YAN, et al. Towards collaborative building reviewing by integrating GIS with office automation, Proceedings of International Conference on Modeling Geographical and Environmental Systems with GISs, Hong Kong, June, 1998a.

[162] Chen Jun, Jiang Jie, Ronghua YAN,et al. Integrating and managing heterogeneous geographic information for urban planning & land administration, Acta Geodaetica et Cartographica Sinica, 1998b,27(2).

[163] Chen Jun, Jiang Jie, Chang Chen. Spatio-overlap and time meet relations in land subdivision, Dynamics and Multi-Dimensional GIS, Joint ISPRS Commission Workshop, Beijing, China, October 4 – 6,1999:137 – 140.

[164] Daniel STEUDLER (Switzerland), Ian P. WILLIAMSON (Australia). A framework for benchmarking land administration systems, FIG XXII International Congress, Washington, D.C. USA, April 19 – 26 2002.

[165] Deuker K J, Kjerne D. Multipurpose Cadastre Terms and Definition. ASPRS/ACSM Annual Convention, Baltimore, MD,1989:94 – 103.

[166] Egenhofer J M, et al. Progress in Computational Methods for Representing Geographical Concepts [J]. I J GIS , 1999 , 13(8) : 775 – 796.

[167] Egenhofer J M. A formal definition of binary relationships. In: third International Conference on Foundations of Data Organization and Algorithms (FODO), Paris, France, Edited by W. Latwin and H. J. Schek

(New-York: Springer-Verlag), Lecture Notes in Computer Science, 1989,367:457 – 472.

[168] Egenhofer J M, Sharma J. Assessing the consistency of complete and incomplete topological information, Geographic Systems, 1993(1):47 – 68.

[169] Egenhofer J M, Frank A. Object-oriented modeling in GIS: inheritance and propagation, In the proceedings of the Auto Carto 9, USA, 1989: 588 – 598.

[170] Effenberg W W, Williamson I P. Data flows , standards and incremental cadastral update , Proceedings of the Spatial Information Research Centers 8th Colloquium , New Zealand, 1996:53 – 59 .

[171] Gold M C. An event-driven approach to spatio-temporal mapping, Geomatica, 1996, 50(4):415 – 424.

[172] Hazelton N, Leahy F, Williamson I. Incorporating dynamic modeling into geographical information systems. In: the proceedings of the AURISA, 1990a:77 – 84.

[173] Hermosilla L. Unified approach for developing a temporal GIS with database and reasoning capabilities. In: the proceedings of the Fifth European Conference and Exhibition on Geographical Information Systems, 1994 (1):23 – 131.

[174] HORNSBY K, EGENHOFER M J. Identity based change : A Foundation for Spatiotemporal Knowledge Representation [J]. I J GIS , 2000, 14(3) : 207 – 224.

[175] Ian Williamson, Lisa Ting. land administration and cadastral trends—A Framework for Re-Engineering, UN-FIG Conference on Land Tenure and Cadastral Infrastructures for Sustainable Development, Melbourne, Australia, 24 – 27, October, 1999.

[176] Ian Williamson, Mary-Ellen FEENEY. land administration and spatial data infrastructures—Trends and Developments, The 42th Australian Surveyor's Congress-2001 A spatial Odyssey, 25-28 September, Brisbane, Australia.

[177] George J F, et al. Object-Oriented Systems Analysis and Design, Pearson

education Asia limited and Tsinghua University Press,2004.11.
[178] Jaeik Liou. Temporal support for land information systems in object-oriented modeling. PhD thesis: School of architecture, Surveying and Civil Engineering Royal Institute of S-100 44 Technology Stockholm, Sweden, 1999 .
[179] Joon Heo. Development and implementation of a spatio-temporal data model for parcel-based land information systems. PhD thesis: University of Wisconsin-Madison,2001.
[180] Kainz W, Egenhofer JM, Greasley I. Modeling spatial relations and operations with partially ordered sets, IJGIS,1993, 7(3):215-229.
[181] Kösters G, Pagel B, Six H. GIS-Application Development with GeoOOA, IJGIS,1997,11(4):307-335.
[182] Langran G. Manipulation and analysis of temporal geographic information, In the proceedings of the Canadian conference on GIS'93, Canada, 1993a:869-879.
[183] Langran G. Issues of implementing a spatio-temporal system, IJGIS, 1993b,7(4):305-314.
[184] Langran G. Time in geographic information systems, Taylor and Francis Ltd,1992a.
[185] Langran G. States, events, and evidence: The principle entities of a temporal GIS, In the proceedings of the GIS/LIS' 92, 1992b(1):416-425.
[186] Langran G. A review of temporal database research and its use in GIS applications, IJGIS, 1989,3(3): 215-232.
[187] Langran G, Chrisman N. A framework for temporal geographic information, Cartographica , 1988, 25(3): 1-14.
[188] Li Bonan, Cai Guoray. A general object-oriented spatial temporal data model, Symposium on Geospatial Theory, Processing and Applications, Ottawa 2002.
[189] Luo De'an, Liao Liqiong. A Cadastral Spatial Data Storage Structure Based On Relational Database, Geo-Spatial Information Science,2001,4(3):15-20.

[190] Laurini R. Sharing geographic information in distributed databases, In the proceedings of the Urban and Regional Information Systems Associations (URISA), 1994: 441 – 454.
[191] Laurini R, Thompson D. Fundamentals of spatial information systems, Academic Press Limited, London, 1996.
[192] Lorentzos N. The interval-extended relational model and its application to valid-time databases, In: temporal databases: theory. Edited by Tansel, A., Clifford, J., Gadia, S., Jajodia, S., Segev, A., and Snodgrass, R., design and implementation, Benjamin/Cummings Publishing Company, 1993: 67 – 91.
[193] Loucopoulos P, McBrien P, Schumacker, F, et al. Integrating database technology, rule-based systems and temporal reasoning for effective information systems: the TEMPORA paradigm, Journal of Info Systems, 1991(1): 129 – 152.
[194] Lum V, Dadam P, Erbe R, et al. Designing DBMS support for the temporal dimension. In: the proceedings of the SIGMOD Conference, 1984: 390 – 397.
[195] Luigui Mussio, Rosselia Nocera, Daniela Poll. Spatial-temporal Modeling, Dynamics and Multi-Dimensional GIS, Joint ISPRS Commission Workshop, Beijing, China, October 4 – 6, 1999: 155 – 162.
[196] Lilley F, Stone J, Campbell A. Smartplan-Integrated access to quality land related information. Proceedings of Adding a Spatial Dimension to Business, pp. 539 – 547.
[197] Maguire D, Worboys M, Hearnshaw M H. An introduction to object-oriented geographical information systems, Mapping Awareness, 1990, 4 (2): 36 – 39.
[198] Martin L R G. Accuracy assessment of landsat-based visual change detection methods applied to rural-urban fringe. Photogrammetric Engineering and Remote Sensing, 1989, 55: 209 – 215.
[199] Martin G, Miller I. Opening the door to land information. Proceedings of Geomatics '98 Conference, Beijing, 17 – 19, June, 73 – 78.

[200] Martin Erwig. marks schneider and ralf harmut guting, temporal and spatial-temporal data models and their expressive power, 1997.

[201] Molenaar M. Formal data structure, object dynamics and consistency rules, Digital Photogrammetric Systems, Herbert Wichmann Verlag GmbH, Karlsruhe, 1991:262-273.

[202] Hazelton N W. J. Beyond the 2-D Map: A New Metaphor for Multi-Temporal 4-D GIS, the Proceedings of the conference of GIS/LIS'92, pp. 303-314.

[203] Nectaria Tryfona, Christian S. Jensen. Conceptual Data Modeling for Spatiotemporal. GeoInformatical, 1999, 3(3):245-268.

[204] Oracle 8. Oracle 8 documentation, Oracle Corporation, 1998, USA.

[205] Parent C, Spaccapietra S, et al. Spatio-temporal conceptual models: data structures + space + time. Conference on information and knowledge management proceedings of the 7th international symposium on advances in geographic information systems, ACM Press, 1999.

[206] Peuquet D. It's about time: a conceptual framework for the representation of temporal dynamics in geographic information systems. Annals of the Americans Geographers, 1994, 84(3): 441-461.

[207] Peuquet D. A conceptual framework and comparison of spatial data models. Cartographica, 1984, 21(4): 66-113.

[208] Peuquet D. Time in GIS and Geographical Databases [A]. Geographical Information Systems [C]. New York : John Wiley &Sons , 1999. 91-103.

[209] Peuquet D, Qian L. An integrated database design for temporal GIS. In: the proceedings of the 7th International symposium on spatial data handling (SDH'7), Advances in GIS research II, Edited by M. J. Kraak and M. Molenaar, 1996(1).

[210] Peuquet D, Wentz E. An approach for time-bases analysis of spatiotemporal data. In: the proceedings of the 6th International Symposium on Spatial Data Handling (SDH), 1996, Advances in GIS research.

[211] Peuquet D, Duan N. an event-based spatiotemporal data moadl (ESTDM)

for temporal analysis of geographical data, Int. J. Geographic Information Systems, 1995,9(1):7-24.
[212] Peuquet D. Making space for time: Issues in Space-Time data representation. GeoInfomatica, 2001, 5(1):11-32.
[213] van Oosterom P J M, Lemmen C H J. Spatial data management on a very large cadastral database, computers, environment and urban systems, 2001, 25:509-528.
[214] Price S. Modelling the temporal element in land information systems, Geographical information systems, 1989, 3(3):233-243.
[215] Price R, Srinivasan B, Ramamohanarao K. extending the unified modeling language to support spatiotemporal applications, Asia TOOLS' 99, 1999: 163-174.
[216] Ramachandran B, MacLeod F, Dowers S. Modeling temporal changes in GIS using an object-oriented approach. In: the proceedings of 6th International Symposium on Spatial Data Handling (SDH), 1994:518-537.
[217] Raza A. Operators for cell tuple-based spatiotemporal data model, Commission IV, WG IV/1, 2003.
[218] Raza A, Kainz W. Designing operators for object-oriented spatio-temporal data model, XIXth Congress of the International Society for Photogrammetry and Remote Sensing (ISPRS), Amsterdam, The Netherlands, 2000, 16-23 July, pp: 863-870.
[219] Raza A, Kainz W. An object-oriented approach for modeling urban land use changes. In: the proceedings of the Urban and Regional Information Systems Association (URISA), Florida, USA, 2000, pp. 20-25.
[220] Raza A, Kainz W. Cell tuple based spatio temporal data model: an object oriented approach. In: the proceedings of the Eight ACM Conference on Information and Knowledge Management (CIKM'99) and Symposium on Geographic Information System (GIS'99), November 2-6 th, Kansas City, USA, 1999:20-25.
[221] Raza A, Kainz W, Sliuzas R. Design and implementation of a temporal GIS for monitoring the urban land use change. In: the proceedings of

geoinformatics' 98 conference, Spatial Information Technology Towards 2000 and Beyond, Beijing, 17－19 June, 1998, pp. 417－427.

[222] Raafat H, Zhongshen Yang, Gauthier D. Relational spatial topologies for historical geographical information, In: J. Geographic Information Systems, 1994, 8(2):163－173.

[223] Renolen A. Modeling Spatiotemporal information: the spatiotemporal object model, 1997.

[224] Renolen A. Modeling the real world: Conceptual Modeling in spatiotemporal information system design , 2000, Transactions in GIS, 4 (1): 23－42.

[225] Shu Hong, Chen Jun, Christopher G. Basic spatial events and their abstract data types in sptatio-temporal data modeling, Dynamics and Multi-Dimensional GIS, Joint ISPRS Commission Workshop, Beijing, China, October 4－6, 1999, pp. 163－166.

[226] Snodgrass R, Ahn I. Temporal databases, IEEE computer september 1986, 19(9):35－42.

[227] Suzana Dragicevic, Danielle J, Marceau. A Fuzzy Set Approach for Modeling Time in GIS, GeoGraphical Information Science, 2000, 14(3):225－245.

[228] Stig Enemark, Hans Sevatdal, Cadastres. Land information systems and planning is decentralization a significant key to sustainable development.

[229] Simple Feature－OLE/COM, http://www.opengis.org/docs/99－050.pdf.

[230] Thomas Ott, Frank Swiaczny. Time-integrative geographic information systems: management and analysis of spatio-temporal data, Springer, 2001.

[231] Teisseire M, Poncelet P, Cicchetti R. Towards event-driven modelling for database design, Proceedings of the 20th VLDB Conference, Santiage, Chile, 1994:285－296.

[232] Thanasis Hadzilacos, Nectaria Tryfona. Logical data modeling for geographical application. Int. J. of Geographic Information Systems, 1996,

10(2).

[233] Varna R. Historical data as an explicit component of land information systems, International Journal of Geographical Information systems, 3.1, 1989.

[234] van Oosterom P. Maintaining consistent topology including historical data in a large spatial databases, In ACSM/ASPRS Annual Convention and Exposition, Washington, Auto-Carto 13, 1997,5:327-336.

[235] Wang Jiayao, Wang Qinshan, Zhou Haiyan. Research on Object-oriented Geographical Data Model in GIS, ICC2001(第二十届国际制图学术会议论文集).

[236] Wang Jiayao, Wang Qinshan, Zhou Haiyan. Research on the process of Geographic spatial cognition, ICC2001(第二十届国际制图学术会议论文集).

[237] Wang Jiayao, Zhou Haiyan, Cheng Yi, et al. the notion framework and functions of Geo-spatial information system, International Conference on Computer Graphics and Spatial information system, 2002.8, Beijing, China Meteorological Press.

[238] Wachowicz M. Object-oriented design for temporal GIS, 1999, Taylor & Francis.

[239] Worboys M. Object-oriented models of spatio-temporal information, In the proceedings of the GIS/LIS, ASPRS/ACSM, 1992a: 825-834.

[240] Worboys M. A model for spatio-temporal information. In: the proceedings of the 5th International Symposium on SDH, 1992b, 2: 602-611.

[241] Worboys M. A generic model for planar geographical objects, IJGIS, 1992c, 6(5): 353-372.

[242] Worboys M. Unifying the space and temporal components of geographical information. In: the proceedings of the 6 th International Symposium on Spatial Data Handling (SDH' 6), 1994a, 1:505-517.

[243] Worboys M. Object-oriented approaches to geo-referenced information, IJGIS, 1994b, 8(4): 385-399.

[244] Worboys M. A unified model of spatial and temporal information, Com-

puter Journal, 1994c,37(1): 26-34.

[245] Zhou Xiaoguang, Chen Jun, Li Zhilin. Event-based incremental updating of cadastral database, 2004.

[246] Zhou Xiaoguang, Chen Jun, Jiang Jie, et al. Event-driven incremental updating: an updating approach of spatial-temporal database, In: The international Archives of the Photogrammetry, Remote Sensing and Spatial Information Sciences, Xi'an, P. R. China, Vol. XXXIV, Part 2, pp: 619-626. 2003.

[247] Yeh T, Viémont Y. Temporal aspects of geographic databases, European GIS' 92, 1992,320-328.

[248] Yeung A, Hall B. Designing a digital urban topographic database for application inurban planning and management, In the proceedings of the International Conference on Computers in Urban Planning and Urban Management, Centre of Urban Studies and Urban Planning, University of Hong Kong, 1989, pp. 263-273.

[249] Yuan M. Wildlife conceptual modeling for building GIS space-time models, In the proceedings of the GIS/LIS, Phoenix, USA, 1994, pp. 860-869.

[250] Zhang jin. UML and its application in GIS, Dynamics and Multi-Dimensional GIS, Joint ISPRS Commission Workshop, Beijing, China, October 4-6,1999, pp. 193-197.

[251] Zhou Haiyan, Wang Jiayao, Cheng Yi, et al. Some suggestions on developing GIS, International Conference on Computer Graphics and Spatial information system. Beijing: China Meteorological Press, 2002. 8.

[252] Zhong Dingqiang. Developing Temporal Land Information System in Arc/Info, 1994, pp. 1233-1249.

[253] Zhang W, Hunter GJ. Temporal interpolation of spatially dynamic objects, Dynamics and Multi-Dimensional GIS, Joint ISPRS Commission Workshop, Beijing, China, October 4-6,1999, pp. 215-219.

[254] Zlatanova, Siyka, Gruber M. 3D urban GIS on the WEB : data structuring and visualization. Proceedings of ISPRS Com. IV Symposium on GIS

Between Vision and Applications , Stuttgart ,Sept. , 1998: 691 – 706.
[255] Zarine Kemp, Arek Kowalczyk. Incorporating the temporal dimension in a GIS, pp. 89 – 104.
[256] ZEILER M. Modeling Our World : The ESRI Guide to Geodatabase Design [M]. California : ESRI Press ,1999: 1 – 21.